吐丝神虫

ZOUJIN JIACAN DE WANQIAN SHIJIE 走进家蚕的万千世界

陈玉银 吴琪 陈雨宵 编著

ZHEJIANG UNIVERSITY PRESS
浙江大学出版社
·杭州·

图书在版编目（CIP）数据

吐丝神虫：走进家蚕的万千世界 / 陈玉银，吴琪，

陈雨宵编著. -- 杭州：浙江大学出版社，2025. 1.

ISBN 978-7-308-25766-4

Ⅰ. S881

中国国家版本馆CIP数据核字第2024RH8523号

吐丝神虫——走进家蚕的万千世界

陈玉银　吴琪　陈雨宵　编著

责任编辑	潘晶晶	
责任校对	蔡晓欢	
封面设计	浙信文化	
出版发行	浙江大学出版社	
	（杭州市天目山路148号　邮政编码310007）	
	（网址：http://www.zjupress.com）	
排　　版	杭州林智广告有限公司	
印　　刷	浙江新华印刷技术有限公司	
开　　本	710mm×1000mm　1/16	
印　　张	15	
字　　数	222千	
版 印 次	2025年1月第1版　2025年1月第1次印刷	
书　　号	ISBN 978-7-308-25766-4	
定　　价	99.80元	

序

种桑养蚕，缫丝织绸；悠悠千年，传承至今。

孟子曰："五亩之宅，树之以桑，五十者可以衣帛矣。"蚕桑（产）业是历朝历代的经济支柱，也是农民收入的重要来源，其重要性奠定了中国古代"农桑并举、耕织并重"的立国之策。蚕桑产业的发展不仅为人们日常生活提供了蔽体御寒的衣物，也催生了以丝绸原料为特色的中国传统服饰文化。而以丝绸贸易闻名的"丝绸之路"，则打通了中国对外交流的通道，促进了中国与世界各国在经济、文化、科学技术上的交流，成为中西方之间的重要桥梁。

沿着历史走来，蚕桑业从未停止它发展的脚步。从"丝绸之路"到"一带一路"，我们不断挖掘蚕桑的文化内核，展现独属于中华民族的浪漫包容；从"破茧成蛾"到"泽被百业"，我们不断拓展蚕桑的应用边界，融合现代生物科学的奇思巧构。遥远东方的神秘国度"赛里斯"，靠着这小小的吐丝神虫，持续焕发着她无尽的魅力。

笔者作为蚕桑领域的科研工作者，日日与蚕相伴，深感蚕之神奇。然而检索发现，市面上与蚕桑相关的科普书籍却是极少，难以找到一本既适合于青少年科普入门，又适合于从业者深入拓展研究的参考读物。遂想到，专门

为蚕这一神虫，写一本包含其文化属性、生物属性、应用属性在内的多维度科普读物，用于青少年的生物科普启迪，普通大众的蚕学兴趣涉猎，蚕桑工作者的应用参考，真正让每个人都能认识蚕这一古老而又神奇的生物。

为带给人们生动形象的阅读体验，本书除图文结合外，还通过视频二维码等来拓展内容，以拉近与读者的距离。读者可通过扫码观看相关的视频等内容，拓宽视野，获取更多的延伸知识。在本书第八章，笔者创新性地增加了动手实践的环节，包含手工小课堂与动手小实验两部分，并配套相应的参考教学视频，以供读者亲身体验实践乐趣，直观地感受蚕学的奥妙所在。

如您阅读完此书能燃起对蚕的一点兴趣，或能从中窥探到吐丝神虫的奥妙之处，那便是这本书真正的价值所在。由于编者学识有限，书中难免存在瑕疵，敬请读者批评指正。

作者

2024 年 11 月 6 日于求是园

目录

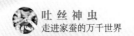
生命绽放篇

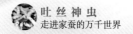
无限生机篇

历史传承篇

吐丝神虫

走进家蚕的万千世界

第一章

源起东方

丝绸的起点

文化的源头

那些美丽的传说都来自田野

① 蚕的神话传说

关于养蚕的起源，历来就有不同的说法，也有着众多的神话传说，主要有以下三种：一是"伏羲化蚕"说，即伏羲氏"化蚕桑，为德帛"福泽万民；二是"嫘祖始蚕"说，即黄帝正妃嫘祖始"教民养蚕"；三是"马头娘佑蚕"说，即少女化而为蚕，成为蚕花娘娘的传说。

前两种传说在史书典籍中有记录，而最后一种说法主要是民间传说，在全国各地蚕农口中世代相传。三者中又以"嫘祖始蚕"的说法流传最广，影响最大，也最为正统。

〃 伏羲化蚕

伏羲，华夏民族人文始祖，也是传说中"三皇五帝"的三皇之一。而所谓"三皇五帝"，原始意义是指远古三皇（天皇、地皇、人皇）和远古五方上帝。后来出现了很多优秀的上古部落首领，人们便把他们凑成了新的"三皇五帝"，也就是我们现在常见的说法，不过在不同的史书著作中版本不同，其中主流版本：三皇是指燧人、伏羲、神农（《尚书大传》），或指伏羲、女娲、神农（《春秋运斗枢》）；五帝是指黄帝、颛顼、帝喾、唐尧、虞舜（《史记》）。

关于"伏羲化蚕"的传说，最早在先秦古籍《皇图要览》中有记载："伏羲化蚕，西陵氏始蚕。"所谓"伏羲化蚕"可能是指伏羲征服了以"蚕"为图腾的氏族，或本氏族开始利用蚕的资源，反映了他们当时活动的黄河中下游地区已经出现了蚕桑业的萌芽。

被称为"羲皇故里"的甘肃天水有着中国规模最大的伏羲庙。该庙为500多年前的明代古建筑群，其中太极殿内悬挂的十四大功绩图，详细总结了伏羲的丰功伟绩。该国画作品是由著名书画家王友楠先生所绘，其中一幅为"养蚕化布改善衣着"，描绘了伏羲带领着族人用蚕丝（亦称"茧丝"）织布缝衣的场景。

$\frac{1}{2}\bigg|3$

图 1　伏羲氏画像（清代姚文瀚绘，题词内容为"太昊伏羲生于成纪风姓木德王都陈立百十五年"）

图 2　甘肃天水伏羲庙的牌坊

图 3　伏羲十四大功绩图之"养蚕化布改善衣着"（王友楠绘）

小故事

　　人类早期用树叶、兽皮等充衣御寒。此类简陋的衣物不但穿着十分不适、行动不方便，而且也无法很好地抵御寒冷。而伏羲养蚕化布，教人们用蚕丝和植物纤维纺线、编网、织布、缝衣着装，使人们穿上了更为舒适的衣物以更好地抵御寒冷，使人类文明前进了一大步。

⫻ 嫘祖始蚕

在众多关于养蚕起源的神话故事中，流传范围最广且最为经典的当数"嫘祖始蚕"了。嫘祖，民间又称"累祖"，《山海经》中写作"雷祖"，被世人尊为"蚕母娘娘"。

对于嫘祖的文献记载有很多，其中《史记·五帝本纪》记载："黄帝居轩辕之丘，而娶于西陵之女，是为嫘祖。"唐代著名韬略家、诗人李白的老师赵蕤所题的《嫘祖圣地》碑文称："（嫘祖）首创种桑养蚕之法，抽丝编绢之术，谏诤黄帝，旨定农桑，法制衣裳；兴嫁娶，尚礼仪，架宫室，奠国基，统一中原，弼政之功，殁世不忘。是以尊为先蚕。"还有《路史·后纪五》《通鉴外纪》等众多古籍文献都记载了嫘祖的生平和功勋。

通过众多的文献记载，我们可以了解到嫘祖生在西陵，是黄帝的正妃，她发明种桑养蚕、缫丝织绢之术，使人们结束了以兽皮树叶遮体的蛮荒时代，大大推动了华夏文明的进程，被后人尊为"先蚕""蚕神""蚕母娘娘""中华民族的伟大母亲"等。

中国丝绸博物馆嫘祖像

浙江大学华家池校区蚕学馆前的嫘祖像

小故事

  相传远古时期，西陵有一女，名嫘祖。此女聪敏善良、仪态端方，嫁于黄帝，为正妃。那时候的人们只能用兽皮或者植物根茎缝制衣裳，条件十分艰苦。

  一日，嫘祖在一棵树下搭灶烧水。忽然一阵大风吹过，将树上一个小白团吹落进了锅中。嫘祖怕弄脏了开水，便用一根树枝去打捞，谁知小白团在水中竟渐渐散开成了一团洁白的长丝线，越捞散开得越多，丝线越长。嫘祖心中好奇，便用树枝将丝线绕了起来，绕成一团。

  嫘祖端详着树枝上一团洁白的丝线，忽然想起自己和姑娘们一起用植物茎条织布的画面，福至心灵，便用这洁白的丝线模仿着织了起来。未曾想到，最后竟织成了一块白白的丝绸。嫘祖甚感好奇，便在这片树林里仔细观察了好几天，发现这片树林和其他树林并不相同，竟是一片桑树林。而当初不慎落入锅中的小白团实则是一种虫子，因口吐细丝把自己包成了一个茧，远远望去，便是白色的一团。

  嫘祖了解原委之后，便将此事告知黄帝，并要求黄帝保护桑树林，而自己则教授他人如何种桑养蚕。后世人们为了纪念嫘祖这一功绩，尊称其为"先蚕娘娘"。

根据古籍中的记载，史学界公认嫘祖是"西陵之女"，但记载中的"西陵"究竟是哪里？上古西陵氏部族的活动区域又在哪个范围呢？因史书、典籍中关于嫘祖故里的记载仅只言片语、十分简略，各地各界对于其到底为何处至今没有定论。目前国内关于嫘祖故里的归属，至少有 13 种说法，其中公认最有可能的三个地方分别是四川盐亭、河南西平和湖北远安，这三处每年也都会举行盛大的嫘祖祭祖活动。

◎ 四川盐亭

20 世纪 80 年代初，四川盐亭当地发现唐碑《嫘祖圣地》，上书"嫘祖生于盐亭、葬于盐亭"。中华炎黄文化研究会派人考察后，将盐亭认定为"嫘祖故里"和"嫘祖文化圣地"。当地相传农历二月初十是嫘祖的诞辰，这一天被称为"先蚕节"。每年的这一天，盐亭都会举行丰富多彩的缅怀、祭祀活动。从 2016 年开始，还会举行盛大的海峡两岸嫘祖文化交流活动暨华夏母亲嫘祖故里拜谒大典。

左图　嫘祖陵（碑文"嫘祖陵"三字古篆体由丘程光先生书写）
右图　盐亭嫘祖像（高达 21.95m）

第七届海峡两岸嫘祖文化交流活动开幕式暨 2023 年华夏母亲嫘祖故里拜谒大典

◎ 河南西平

河南西平古称西陵，周封柏子国，是黄帝正妃嫘祖的诞生地、始蚕地。新中国成立初期，西平境内尚存嫘祖庙 6 座（《嫘祖故里河南西平考》）。西平有大量关于嫘祖教人植桑养蚕的民间传说。民间流传，嫘祖生日是农历三月初六。每年这一天，十里八乡的群众都会聚集到董桥东一里的顾庄赶庙会、唱大戏、做寿面，为嫘祖过生日。2007 年 7 月，中国民间文艺家协会将西平命名为"中国嫘祖文化之乡"，并同意建立"中国嫘祖文化研究中心"。从 2008 年起，西平每年农历三月初六定期举办嫘祖故里拜祖大典，且该祭典已被纳入河南省首批非物质文化遗产名录。

西平嫘祖像

2023 年嫘祖故里拜祖大典

◎ 湖北远安

　　湖北远安西北部的嫘祖镇，相传是嫘祖诞生地，从 1984 年起，远安每年在农历三月十五嫘祖诞辰这天，都会举行祭祀庙会。2011 年，远安"嫘祖信俗"被国务院列入第三批国家级非物质文化遗产扩展项目名录。从 2016 年起，远安开始每年举办"嫘祖文化节"，共拜人文先祖、祈福中华。

2016 年首届"湖北·远安嫘祖文化节"

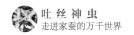
马头娘佑蚕

相较于"伏羲化蚕"和"嫘祖始蚕","马头娘佑蚕"是一个情节更为生动的民间传说。马头娘是中国神话中的蚕神,相传是马首人身的少女,故此得名。蚕神在中国民间还有"蚕女""马明王""马明菩萨""蚕花娘娘""蚕丝仙姑"等多种称呼,为中国古代传说中的司蚕桑之神。

该传说最早的出处是《山海经·海外北经》所记的"欧丝"女子,该书谓"欧丝之野在大踵东,一女子跪据树欧丝"。更加具体的故事记载于晋代干宝的《搜神记》中。

山东济南华阳宫棉花殿内的蚕神像

小故事

传说很久以前,江南有一户人家,只有父女二人与一匹白马相依为命。

有一次,父亲外出征战,只留下女儿和白马在家看守。父亲久久不归,女儿思父心切,便立誓说:"如果谁能把父亲找回来,我便以身相许。"家中白马听了这话,飞奔出门,竟真的跑到父亲那里,把父亲接了回来。为了感谢白马将自己带回家,父亲每日精心照顾,谁知马却不肯吃食,反而每次看到女儿出入都非常兴奋,高声长嘶。父亲感到非常奇怪,便询问了女儿此事缘由。女儿就把先前所说誓言如实相告,父亲听闻后大为震怒:人与马怎可婚配!于是父亲一怒之下杀了白马,并将马皮剥下来挂在院子中。

忽有一日，狂风肆虐，马皮腾空而起，卷着姑娘不知所终。父亲心急如焚，请人四处寻找。几日后，乡亲们在一棵树上找到了姑娘。此时姑娘被雪白的马皮包裹着，正伏在树上扭动着身子，嘴里不停地吐着丝，结出了硕大的茧子。乡亲们将茧取回，得到了细长的丝线，用来织布做衣。

从此世上又多了一种生物，因为它总是用丝缠着自己，人们就称其为"蚕"，取"缠"之谐音；又因为此女是在树上丧生的，于是那棵树就被叫作"桑"，桑者，丧也，以此来纪念这段哀怨的故事。父亲知道女儿身亡，悲痛欲绝。

一天，空中流云溢彩，蚕女身骑白马现身。父亲细看之下，竟发觉这蚕女正是那早已身亡的女儿。蚕女从天而降，对父亲说："天帝封我为女仙，在天界过得很自在，父亲不必为女儿担心。望父亲身体康健，女儿在天上必会时时想念着父亲。"说罢，踏着彩云升天而去。于是各地纷纷盖起蚕神庙，塑一女子之像，身披马皮，俗称"马头娘"，祈祷蚕桑。

如今，全国各地依然有各种各样祭拜马头娘（蚕花娘娘）的活动，特别是杭嘉湖一带。传说腊月十二是蚕花娘娘的生日，这一天蚕农家中都会张贴蚕神像、焚香点烛、供奉糕点鲜果、合家祀拜蚕神，祈愿来年"蚕花廿四分"。典型的活动有湖州德清新市每年举办的"蚕花庙会"和"蚕花娘娘"花轿巡游，湖州南浔含山每年清明节举办的"轧蚕花"民俗活动，嘉兴桐乡洲泉的双庙渚蚕花水会等。

左图　2021 年"蚕花娘娘"花轿巡游
右图　2023 年"轧蚕花"民俗活动

山西夏县西阴村——半个蚕茧

1926 年 10 月，中国考古学之父——李济在山西夏县西阴村的灰土岭铲下了第一锹土，这是第一次由中国学者主持进行的考古发掘。在这次仰韶文化遗址的发掘中，李济和队员们从一堆残陶片和泥土中，发现了一颗花生壳似的黑褐色物质，这吸引了众人的目光。清洗一番之后，黑褐色物质显露出了本来的样子，竟是半个丝质茧壳。

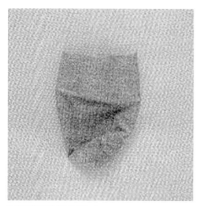

1	2
3	

图 1　半个蚕茧
图 2　中国考古学之父，西阴村遗址的发掘者——李济
图 3　西阴村遗址

这颗丝质茧壳长约 1.36cm，茧幅约 1.04cm，已经部分腐蚀，但仍有光泽。这个蚕茧出土的时候已经被切除了 1/6 左右，而且茧壳的切割面极为平整，是一种非常锋利的工具切割所致。1928 年，这半个蚕茧被送去美国华盛顿的史密森研究院鉴定，结果表明这是一种蚕的茧壳。如今这半个蚕茧被珍藏在台北故宫博物院内。

因为蚕茧是和一个纺轮伴随出土的，而这个地方正好是在黄河流域的腹地，故这半个蚕茧的出土，便可对上嫘祖是西陵之女，教会了人们种桑养蚕这段传说。

尽管关于这半个蚕茧仍有许多难解之谜，但它作为中国远古时期养蚕的见证，对研究丝绸起源意义重大。这在某种程度上证明了在 6000 年前的新石器时代，黄河流域就已经出现了蚕桑业。

浙江湖州钱山漾——丝绸之源

钱山漾遗址位于浙江湖州吴兴，属新石器时代晚期文化，是人类丝绸文明史上一个极其重要的古文化遗址，距今 4400—4200 年。2015 年 6 月，钱山漾遗址正式被命名为"世界丝绸之源"。

1958 年，考古工作者在钱山漾遗址中发现了一批盛在竹筐里的丝织品，其中有绢片（绸片）、丝带和丝线等。当时的浙江丝绸工学院、上海纺织科学研究院对这些丝织品进行切片检测，其中的绢片和丝带被确认为家蚕丝织品。最终经碳十四测定，其中的绢片距今 4700 多年。这意味着，中华民族至少在 4200 年前的新石器时代就掌握了养蚕织丝技术。这些丝织品色泽淡褐、经纬细密、平整而有韧性，4000 多年的岁月磨蚀了它曾经的璀璨光芒，但是历史和文明的印迹却被永远地保存下来。如今，从钱山漾遗址出土的这一绢片，静静地安躺在浙江省博物馆的展厅里。学术界对其的定论是"中国乃至世界范围内人类利用家蚕丝纺织的最早实例"。

1 | 2
3 | 4

图 1　钱山漾遗址出土的绢片，尚未完全碳化

图 2　钱山漾遗址出土的丝带

图 3　钱山漾遗址出土的丝线

图 4　钱山漾遗址发掘现场

⁄⁄ 浙江余姚河姆渡——蚕纹象牙杖

　　河姆渡文化，是中国长江下游以南地区古老而多姿的新石器时代文化，1973 年第一次发现于浙江宁波余姚的河姆渡镇（河姆渡遗址），因而得名。它主要分布在杭州湾南岸的宁绍平原及舟山岛，年代为公元前 5000—前 3300 年。河姆渡遗址是新石器时代母系氏族公社时期的氏族村落遗址，反映了约 7000 年前长江下游流域氏族的情况。

　　1977 年冬，在河姆渡遗址出土了一件器形不大的象牙器。该器物俯视平面呈椭圆形，中开凿方形凹口，侧视如半圆球状，表面光泽。纵（口径）4.8cm，横（口径）4.0cm，高 3.5cm。两侧下端近口沿部位钻凿有对称的

左图　河姆渡遗址景区石刻（仿双鸟朝阳象牙蝶形器）
右图　河姆渡文化蚕纹象牙杖首饰（浙江省博物馆藏）

两个小圆孔，其外表下端阴刻有一圈编织纹装饰带，中部阴刻有十分珍贵的"蚕"纹图像。若这确认是蚕，则此图当是我国最早的蚕纹图了。

蚕的形象在当时等级极高且带有神权寓意的首饰上呈现，确证了史前中国先民对蚕桑的崇拜，也表明了在河姆渡文化时期已经存在蚕桑产业。

⫻ 河南荥阳青台村——绛色罗织

青台遗址位于河南郑州荥阳，属仰韶文化中晚期（距今5600—5300年）。1981—1987年，郑州市文物考古研究所陆续对其进行发掘，在其中4座瓮棺葬（W142、W164、W217、W486）内出土有丝麻类碳化纺织品，这在史前考古中极为罕见。

1984年，在青台遗址W164瓮棺中出土了一块纺织品，经上海纺织科学研究院分析鉴定，被确认为距今5600多年的浅绛色罗织物，是迄今为止世界上发现最早、唯一带有色泽的丝织品。据推测，古代先民用丝织品把死者的身体包裹起来，形成一个"茧子"，与其认为的破茧重生、羽化升仙观念相关。青台遗址中出土的丝绸文物是纺织考古的一个重大发现，表明当时黄河流域的先民开始利用蚕桑资源。

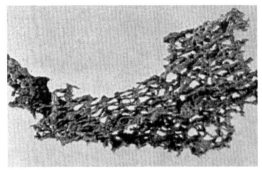 

左图　浅绛色罗织物（现藏于中国农业博物馆）
右图　发现罗织物的 W164 瓮棺

〃 蚕桑业相关考古发现时间表

蚕桑业相关考古发现时间表

时间	地点	考古发现	所属时期文化	历史意义
距今 7000 年	浙江余姚河姆渡遗址	蚕纹象牙杖首饰	新石器时期河姆渡文化	最早的蚕纹图
距今 6000 年	山西夏县西阴村遗址	半个家蚕茧	仰韶文化早期	黄河流域蚕桑业的证明
距今 5600—5300 年	河南荥阳青台遗址	浅绛色罗织物	仰韶文化中晚期	年代最早、唯一带有色泽的丝织品
距今 4400—4200 年	浙江湖州钱山漾遗址	绢片、丝带、丝线	钱山漾文化	长江流域发现最早、最完整的丝织品

❸ 蚕桑业的历史发展

我国有着悠久的蚕桑业发展历史，下面将按其历史发展顺序做一个简单的介绍。

⁄⁄ 夏（约公元前 2070—约前 1600 年）

夏是我国历史上建立的第一个王朝。记载夏代物候实况的古籍《夏小正》中，记述了有关室内养蚕的情况：三月"摄桑委扬，妾子始蚕，执养宫室"，五月"启灌蓼蓝"（"宫室"就是蚕室；"蓼蓝"是一种用作天然蓝色染料的植物，"青出于蓝而胜于蓝"中的"蓝"即是蓼蓝）。这也是我国历史文献中最早的养蚕记载。

《夏小正》

《夏小正》是中国现存最早的一部记录农事的历书，收录于西汉戴德汇编《大戴礼记》第四十七篇。它分为"经文"和"传文"两部分，按照一年十二个月的顺序分别记录了物候、气象、天文、农事、狩猎等活动。通过本历书可窥见先秦中原农业发展水平，了解古代中国的天文历法知识。《夏小正》撰者无考，一般认为成书于战国时期。《史记·夏本纪》载："太史公曰：孔子正夏时，学者多传《夏小正》云。"有人据此认为是孔子及其门生收录整理了中国夏朝的农事历法知识。

⁄⁄ 商（约公元前 1600—前 1046 年）

商是中国历史上的第二个朝代，是第一个有直接文字记载的王朝。殷商时期桑林遍野，郁郁葱葱。其宰相伊尹相传就出生在桑林中。商朝的开国国

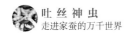
君汤为了求雨，也曾在桑林祈祷，《吕氏春秋》中就有关于"成汤祷雨"的记载。甲骨文是商朝养蚕最直接的证据。刻有"桑、蚕、丝、帛"等象形文字、许多以"丝"为偏旁的文字及蚕事的甲骨，表明商朝就已经有了较发达的蚕桑业，并且织造技艺已达到了一定的高度。

刻有桑、蚕、丝、帛等文字的商朝甲骨（河南安阳小屯村出土）

刻有甲骨文的龟甲片

甲骨文又称"契文""甲骨卜辞"等，是商朝的文化产物，距今已有3600多年的历史。甲骨文最初在1899年被发现于河南安阳小屯村的殷墟，也就是商王朝后期都城的遗址。学界普遍认为清末金石学家王懿荣是甲骨文的最早发现者。

甲骨文原是殷商时期王室用于占卜记事而在龟甲或兽骨上契刻的文字，是目前已知中国最早的成熟文字。截至目前，人们已经发现甲骨15余万片，4500多个单字，已识别的有2000多个单字。

西周（公元前1046—前771年）

西周是我国奴隶社会的鼎盛时期，社会生产力比之商朝更加发达，农业繁盛，蚕桑业也更为发达和普及。在古书《诗经》中就有大量的篇幅记载了采桑、育蚕、作茧、丝织等过程，可见当时蚕桑业已相当发达。例如，《诗经·豳风·七月》中写道："春日载阳，有鸣仓庚。女执懿筐，遵彼微行，爰求柔桑。"意思是说，春天里阳光温暖，黄莺在欢唱。妇女们提着箩筐，络绎走在小路上，去给蚕采摘嫩桑。这些诗句都生动地描绘了当时妇女们采桑养蚕的劳动情景。

在《孟子·梁惠王上》中也有记述"五亩之宅，树之以桑，五十者可以衣帛矣"，从侧面说明当时已经有相当量的蚕丝生产，不仅可以满足王室贵族的需要，而且民间高龄者也可以享用了。

除了古籍中的记载，已发掘出土的西周贵族墓葬中也出现了众多与西周时期蚕桑业有关的实物，如陕西宝鸡茹家庄西周墓内发现的大量玉蚕和丝绣痕迹，为我们了解西周时期的纺织技术提供了重要参考资料。

左图　陕西宝鸡茹家庄西周墓内发现的弓背直形玉蚕
右图　陕西宝鸡茹家庄西周墓出土的丝绣痕迹

春秋战国（公元前770—前221年）

春秋战国是一个百家争鸣、人才辈出的时代，也是蚕桑业快速发展、逐渐成为主要农业部分的时代。众多精美的丝绸制品和相关工艺品涌现，流传至今，最引人关注的要数战国越王者旨于睗剑和战国水陆攻战纹铜壶了。

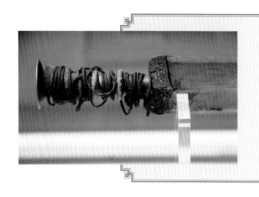

战国越王者旨於睗剑

　　此剑的所有者为越王者旨於睗。他就是曾卧薪尝胆的越王勾践之子鼫与。

　　该剑铜质，通长 52.4cm，首宽 3.6cm，剑柄处有保留完整的丝绸缠缑。现藏于浙江省博物馆。

战国水陆攻战纹铜壶

采桑画面局部放大图

　　战国水陆攻战纹铜壶在 1965 年出土于四川成都百花潭，现藏于四川博物院。该壶呈侈口、斜肩、鼓腹、圈足；肩上有御环两兽耳；壶身满饰嵌错图案，以三角云纹为界带，分为上中下三层：上层为采桑射猎图，中层为宴乐弋射图，下层为水陆攻战图。嵌错精致、工艺高超、内容丰富、结构严谨。

　　上层右侧是一组采桑的画面，两棵茁壮的桑树上挂着篮筐，有人忙着采摘桑叶，有人接应传送。树下有一个形体较高大的人，扭腰侧胯、高扬双臂，跳起豪放的劳动舞。旁边两个采桑女面向舞者击掌伴奏。

秦（公元前 221—前 207 年）

公元前 221 年，秦始皇灭六国，结束了战国时代诸侯长期割据的局面，建立了我国历史上第一个大一统的封建主义中央集权国家。秦朝虽无描述蚕桑业的专著，但根据《中国历代食货典》"农桑部"中记载的"汉承秦制设大司农及少府"，可以推测秦朝已有"大司农""少府"等机构，开始对蚕桑业生产进行专门管理。

《吕氏春秋·士容论·上农》中记载："后妃率九嫔蚕于郊，桑于公田，是以春秋冬夏皆有麻枲丝茧之功，以力妇教也。"即皇后带领众嫔妃在郊外养蚕，在皇田里采桑，一年四季都有蚕织事务，身体力行教导蚕妇。

1975 年，在湖北云梦出土的睡虎地秦墓竹简中就记载了《秦律十八种》。其中一条律令中就有这样的记载：凡偷采别人家桑叶的，价值不足一钱银两的，就要罚做苦役三十天。可见当时对于蚕桑相关犯罪的判罚相当严厉。

《史记·货殖列传》记载：乌氏倮，战国末年秦国乌氏族人，是当时的大畜牧主。乌氏倮除了经营畜牧业外，还暗中用奇异之物和珍贵丝织品与游牧部落的戎王贸易，为秦朝换取了大量的马牛物资（戎王以十倍于所献物品的东西与他交换，牲畜数目多到以山谷为单位来计算）。秦始皇诏令乌氏倮位与封君同列，同诸大臣进宫朝拜。由此可见秦朝虽奉行重农抑商的政策，但丝绸仍因其珍贵稀有性进入流通渠道，推动了丝绸在各地区的贸易。

秦始皇封赏乌氏倮

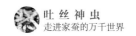

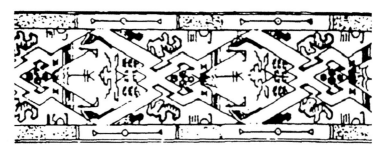

陕西秦咸阳宫遗址出土绦带，造型具有较明显的几何化风格（"杯纹"与"菱格纹"合体）

汉（公元前 202—220 年）

两汉时期，统治者采取了一系列顺应生产发展的措施，蚕丝生产技术达到了前所未有的水平，丝绸之路也在此时期基本成形。《汉书·食货志》记载："《洪范》八政，一曰食，二曰货。食谓农殖嘉谷可食之物，货谓布帛可衣，及金、刀、鱼、贝，所以分财布利通有无者也。二者，生民之本，兴自神农之世。"汉高祖在减轻租税和徭役的同时，提倡食货并重，以农桑为衣食之本，农业生产力显著提高。栽桑养蚕、缫丝织绸在全国已极为普遍，各地的蚕桑业和织造技艺都得到纵深发展。

汉代丝绸主要产自中原和四川地区。东汉王充在《论衡·程材篇》中说："齐郡世刺绣，恒女无不能。襄邑俗织锦，钝妇无不巧。"刺绣与织锦是当地妇女的娴熟技能。《汉书·食货志》记载："边余谷，诸均输帛五百万匹。民不益赋而天下用饶。"足见汉武帝时期丝绸生产数量之大、规模之盛。东汉时期，织锦生产中心从襄邑转移到成都，成都的蜀锦成为全国闻名的丝织品。

汉武帝在位期间两次派张骞出使西域，打通了中原通往西域各国乃至欧洲的陆上通道，即"丝绸之路"。丝绸不仅是国内外最主要的贸易商品，也承担了重要的外交使命，在政治、经济、社会方面都有着广泛影响。（关于丝绸之路的更多介绍详见第二章。）

素纱单衣

　　素纱单衣于湖南长沙马王堆一号汉墓出土，现藏于湖南省博物馆，是世界上现存年代最早、保存最完整、制作工艺最精、最轻薄（49g）的衣服，代表了汉初养蚕、缫丝、织造的最高水平。

鎏金铜蚕

　　鎏金铜蚕现藏于陕西历史博物馆，它的发现说明陕西石泉的养蚕活动在汉代已有相当规模，亦是汉代整个蚕桑生产和丝绸之路的重要实物见证。

隋（公元 581—618 年）

　　隋朝结束了南北对峙的局面，实现了黄河流域和长江流域的统一，在政治、经济、文化和外交等领域都进行了大刀阔斧的改革，相比于之前的朝代有很大发展。隋朝统治者重视农业发展，当然也包括蚕桑。隋文帝夺取北周政权后，继续实行并推广均田制，使很多荒地垦辟成桑田。农民种桑、养蚕、缫丝所得皆为己用，极大地提高了农民的生产积极性，推动了蚕桑业的发展。

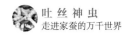

据《隋书·地理志》记载，隋炀帝即位时（公元604年），蚕丝生产极为兴盛，河北信都、清河、河间、博陵、恒山、赵郡、武安、襄国一带的农民"务在农桑"，山西长平、上党"人多重农桑"。江浙赣一带（扬部）"新安、永嘉、建安、遂安、鄱阳、九江、临川、庐陵、南康、宜春其俗颇同豫章"，而"豫章之俗颇同吴中……一年蚕四、五熟，勤于纺绩"。隋朝曾经是一个富饶的朝代，但是隋炀帝在位后期挥霍无度，劳民伤财，朝廷官僚腐败，王朝最终走向灭亡。

左图　隋炀帝画像，截自《历代帝王图》（唐代阎立本绘）
右图　隋炀帝南巡画卷局部

隋炀帝红绸缠树炫耀国威

诸蕃请入丰都市交易，帝许之。先命整饰店肆，檐宇如一，盛设帷帐，珍货充积，人物华盛，卖菜者亦藉以龙须席。胡客每过酒食店，悉令邀延就坐，醉饱而散，不取其直，绐之曰："中国丰饶，酒食例不取直。"胡客皆惊叹。其黠者颇觉之，见以缯帛缠树，曰："中国亦有贫者，衣不盖形，何如以此物与之，缠树何为？"市人惭不能答。

——《资治通鉴·隋纪》

⚡ 唐（公元618—907年）

唐朝是中国封建社会的顶峰，经济发达，商业繁荣，开放包容。唐初统治者实施休养生息的政策，社会得以保持较长时间的稳定，农业生产逐渐恢复和发展。唐高祖劝课农桑、招徕难民，颁布均田令，实施租庸调制，百姓可以交纳绢布等实物来代替力役，促进了蚕桑产业发展。唐天宝年间，绢帛在朝廷财政总收入中占到1/6之多，蚕丝产地几乎遍及全国各地。唐朝的蚕桑产业覆盖100多州郡，又以中原黄河流域、巴蜀地区为重要丝绸产区。西北地区丝绸的发展在边远地区中首屈一指，表现出浓郁的地方特色。

团窠宝花纹锦半臂

中国丝绸博物馆藏。半臂是唐代最时尚、动人的服饰之一。

半臂又称半袖，是从魏晋以来上襦发展而出的一种无领（或翻领）、对襟（或套头）短外衣。它的特征是袖长齐肘，身长及腰。

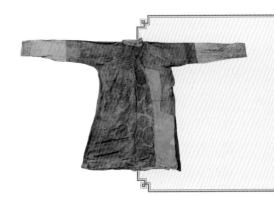

锦袖宝花纹绫袍

中国丝绸博物馆藏。《释名》写道，"言袖夹直，形如沟也"，所指即是窄袖袍，是唐代较常见的袍服款式之一。唐代宝相花纹样十分流行，寓意吉祥和美满，展现了大气华丽的盛唐风采。

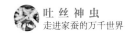

唐朝的丝绸贸易较汉朝更为发达，丝绸、陶瓷等中国特产从陆上和海上丝绸之路销往亚欧各国，同时西方的文化、物品也源源不断进入中国。大唐盛世，胡汉往来，东西方文化和技术交融繁荣。唐朝有明确的冠服制度，规范了祭服、朝服、官服等的形制、颜色和配饰。然而，因广受胡风的影响，无论是官员常服，或是民间服装，都出现了很多创新的款式，胡服与汉服在大唐盛世交融荟萃。

白居易《杜陵叟》诗："典桑卖地纳官租，明年衣食将何如？剥我身上帛，夺我口中粟。"安史之乱后，均田制被破坏，改行的两税法对百姓的剥削更为严重，百姓被迫典当桑园、出卖田地来缴纳官府规定的租税。到唐末，各地藩镇、节度使占地混战，农村的蚕桑业基础被破坏殆尽。

✍ 宋（公元 960—1279 年）

辽宋夏金时期，国家长期处于分裂状态，政权矛盾尖锐。公元 960 年宋朝建立，重新恢复了种桑、毁桑的奖惩办法，但由于契丹、西夏的侵扰以及女真（金）的攻战，北方蚕桑业生产受到严重破坏而衰落。东南地区相对稳定，成了全国纺织业的中心之一。北宋时，四川和东南地区是全国纺织业的两大中心，东南地区占比 70% 以上，其中两浙路成为朝廷财政物资（包括丝织品在内）的重要供应地，所谓"天下丝缕之供皆在东南，而吴丝之盛，惟此一区"（《宋史·食货志》）。宋室南渡后，大批的丝织品、资金和技术随统治阶级南下，有力推动了江南地区蚕桑业、纺织业的生产发展。南宋时，丝绸产区基本集中在长江流域，江南地区丝绸生产占绝对优势，浙江成了名副其实的"丝绸之府"。

宋朝的赋税制度主要采用两税制，其中秋税包含丝税，表明当时民间纺织技术已经相当发达，政府可以直接从农民处征收到高级丝织品。宋朝的纺织业相当兴旺，除了传统的家庭作坊外，还有许多较大规模的民营工坊，官办丝织工厂的规模十分宏大。对外贸易方面，由于宋朝疆域缩减，陆上丝绸之路衰落，丝织品、金银、瓷器等商品多经海上丝绸之路出口，港口主要集中在广州和泉州，这极大地推动了两地经济的发展。

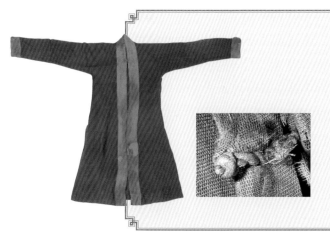

南宋素罗单衣

中国丝绸博物馆藏。此为宋代青年女子常用的服装，以素罗织物织成。尤为珍贵的是前门襟中部的一粒纽扣，用同种面料制成，是目前发现的我国最早的纽扣实物之一。

绢抹胸

出土于黄昇墓的一件抹胸，再现了这种穿于褙子里面的内衣形制：长55cm，形状大致呈长方形，在上端的左右两角接缝两个小等腰三角形，其两角和腰间各缀有两条绢带。穿着时将其围裹在齐腋以下的前胸与后背之间，正好上可覆乳，下可挡腹。这种褙子与抹胸的搭配，体现了宋代所推崇的含而不露、露而不裸的审美风尚。

〃 元（公元1271—1368年）

元朝的统一结束了多个民族政权长期并存的分裂局面，其也是中国历史上首次由少数民族建立的大一统王朝。蒙古族世代以游牧为生，统治者好征战四方，不事农桑。元朝的统治方式与此前中原的发展模式不相符，常年征战、官场腐败、赋税剥削对元朝经济造成严重破坏，江南一带的蚕丝生产因而发生严重衰退。

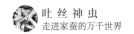
但元朝编写的专事蚕桑的书籍较前朝更多，也是一项重大贡献。元世祖即位后发行了《农桑辑要》，这是我国第一部推广农业科技的官书，里面叙述了历代及当时的蚕桑生产科学技术，对当时的蚕桑生产有一定帮助。后多次大量发行《农桑辑要》，推广栽桑养蚕技术。元中后期，北方地区的丝绸生产因气候转冷而衰落，南方地区蚕桑业也因棉花的广泛种植而趋向集中，在规模上大大减小。江南地区的丝绸生产在元末明初出现了雇佣生产模式，商品经济有了一定发展，但元朝统治者对中原人民的赋税剥削变本加厉，也为自身覆亡埋下了祸根。

菱地飞鸟纹绫海青衣

中国丝绸博物馆藏。海青衣是这一时期十分常见的袍服，通常是右衽交领、窄袖的款式。最特别的地方在于，在接近两边袖根部各有一个纵向开口。开口的作用是什么呢？原来，这种袍服在冷的时候可作长袖穿着，在热的时候则可以将手臂从前部开口处伸出，再将多余的长袖部分反扣于后肩或后背，十分方便，且易于操作。这种款式特别适合游牧民族穿着，方便其生产生活。

明（公元 1368—1644 年）

在元朝统治期间，蚕桑生产受到严重摧残。元末农民起义的十多年间更是"耕桑变为草莽"。到了明初，蚕桑业生产水平已降至极低。在农民起义推翻了元朝统治后，明太祖朱元璋非常重视蚕桑生产。《明会典》中记载："二十七年，令天下百姓务要多栽桑枣，每一里种二亩秧。每一百户内，共出人力挑运柴草烧地，耕过再烧，耕烧三遍，下种。待秧高三尺，然后分栽，每五尺阔一垄。每一户，初年二百株，次年四百株，三年六百株，栽种过数目，造册回奏。违者，发云南金齿充军。"

明朝官营纺织业规模较大，纺织技术也在专业化的生产中得到极大提高，缎织物、妆花工艺、绒类产品、刺绣工艺得到发展。明朝蚕桑业的产区范围较唐宋虽有所缩减，但商品经济活跃，逐渐形成了以江南苏、杭、松、嘉、湖五大丝绸重镇为主的区域性密集生产中心和以太湖流域为主的蚕丝商业经济中心。明朝，浙江尤其是湖州地区蚕业已经相当发达，蚕丝产量急增，成为全国丝织原料的供应地，同时丝织业也达到很高水平。明朝中后期，丝绸业出现了资本主义的萌芽。"机户"一般有一定数量的织机，雇佣"机工"数十名甚至数百名，形成了"大户张机为生，小户趁织为活""机户出资，机工出力"的生产关系，但由于海禁和重农抑商政策，资本主义的萌芽并未发展壮大。

明朝实行朝贡贸易，丝绸产品多随官方车船流到外国。江苏的苏松常地区是当时全国的重点丝绸产区之一，吴江县震泽镇是丝绸集散和丝织的重镇，太湖流域的桑苗和湖丝成了远销国内外的知名商品。明中后期，社会风气渐趋奢靡，江南的生丝与丝绸大量销往日本、欧洲和美洲，成为中国对外贸易的主要谋利商品，促进了世界各地蚕丝业的发展。

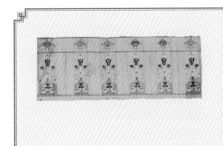

明璎珞纹妆花缎

现藏于中国丝绸博物馆。此为一匹明代璎珞纹妆花缎匹料，以明黄色做地，用妆花技法在其上挖织出头生有两角的兽面及璎珞纹样，并以绿、红、蓝丝线织出各色莲花装饰于边缘。

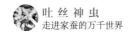

∥ 清（公元1644—1911年）

在清朝早期，政府积极鼓励与扶持蚕丝业的发展。鸦片战争失败后，清朝政府被迫签订了不平等的《南京条约》，并开放广州、厦门、福州、宁波和上海等五处通商口岸。这使以前受到限制出口的"头等湖丝"等生丝可以自由对外出口，从而促进了生丝出口贸易的快速发展，也刺激了蚕丝生产的发展。广东珠江三角洲和江浙长江流域的农民大规模弃田筑塘、废稻种桑，使"桑基鱼塘"这种生态蚕业的经营模式得到较大发展。

甲午战争后，受到日本发达蚕桑业的启发，我国蚕桑业教育开始起步。1897年杭州知府林启创办"蚕学馆"，开创了我国近代纺织和农业教育的先河。

蚕学馆

林启

林启（1839—1900），字迪臣，福建侯官人，光绪年间进士。历任翰林院庶吉士、陕西督学、浙江道监察御史。除蚕学馆外，林启还创办了求是书院、养正书塾。

清朝，我国传统手工缫丝生产进步很大，其中以太湖之滨辑里村所产蚕丝质量最高，名为"辑里湖丝"，畅销海外。

辑里湖丝馆藏的清朝龙袍

辑里湖丝，因产于浙江省湖州市南浔镇辑里村而得名。清朝，它是制作皇帝龙袍的御用丝织品，并于 1851 年在英国伦敦举办的万国博览会上夺得金奖。2011 年 5 月 23 日，浙江省湖州市南浔区申报的"蚕丝织造技艺（辑里湖丝手工制作技艺）"经国务院批准列入国家级非物质文化遗产扩展项目名录。

⁄⁄ 中华民国（公元 1912—1949 年）

1912 年中华民国成立后，孙中山先生十分重视和关注蚕桑业的发展，在《实业计划》中对蚕桑业提出了全国要发展蚕茧 75 万吨，蚕丝 7.1 万吨，绸缎 11.25 亿米的目标。但随后政权旁落各地封建军阀之手，内外战乱不断，蚕桑业发展遇到严重阻碍。1937 年，日本帝国主义发动全面侵华战争，侵占我国江浙蚕丝主要产地，在汪精卫政府的配合下对中国蚕丝资源进行垄断和掠夺，更使得中国蚕桑业生产遭受空前浩劫，蚕桑和丝绸生产水平急剧下降。到 1949 年，全国桑园面积仅有 270 万亩，蚕茧生产量只有 3 万吨。

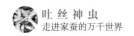

白缎地彩绣人物伞（民国）

中国丝绸博物馆藏。阳伞以五色网格丝线流苏为边饰，以象牙为柄，白缎地刺绣为伞面，用伞骨将伞面分割成 8 个块面，分别彩绣了庭院教子、猎虎有功、忽得任命、升官发财、灵猴献瑞、仕途升迁、官至一品、荫护三代等 8 个画面。

17—19 世纪，东西方贸易愈渐频繁，"中国风"在欧洲流行。随着欧洲公共花园的兴起，中上层女性的户外活动增多，遮阳伞成为贵妇们外出的必备配饰。

中华人民共和国（公元 1949 年至今）

新中国成立后，党和国家领导人高度重视产业生产，中国蚕桑产业不仅快速恢复，而且蚕茧和丝绸产量达到了历史最高峰。总体来看，20 世纪后 50 年，中国蚕桑业的发展历程大致可以划分为五个时期。

20 世纪中国蚕桑业跌宕起伏的经历以及日本蚕桑业衰败的教训警示我们：一元化的传统生产模式难以复兴蚕桑产业和振兴丝绸产业，乘风破浪、创新发展才是出路。21 世纪开始，中国蚕桑产业呈现恢复性增长。2007 年，全国蚕茧生产量达到历史最高水平——82 万吨。2008 年国际金融危机爆发，全球丝绸消费市场低迷，中国蚕桑业生产也深受影响。2009 年以后，蚕桑业生产进入稳定期，蚕茧年产量为 60 万～70 万吨。2015 年至今，随着东部主要蚕桑产区产业结构升级和"东桑西移"政策的推行，广西、云南、四川等省份逐渐成为我国主要蚕桑产区。

20 世纪下半叶中国蚕桑业发展历程

恢复期 （1949—1958 年）	新中国成立后，社会开始安定，经济逐步发展，蚕桑业生产开始逐步恢复。1958 年，全国蚕茧生产量达到 7 万吨
下降期 （1959—1963 年）	人民公社和"大跃进"运动时期，我国蚕桑业生产恢复发展的势头遭到破坏。1963 年，全国蚕茧生产量只有 4 万吨
稳定增长期 （1964—1978 年）	"文化大革命"时期，茧丝绸行业成为我国出口创汇的主要产业，蚕桑业生产得到了较为稳定的发展。1970 年，全国蚕茧生产量达到了 12 万吨，中国超过日本成为世界第一大蚕茧生产国
快速发展期 （1979—1994 年）	改革开放后，我国蚕桑业也迎来了史无前例的快速发展。20 世纪 80 年代后期，随着丝绸消费热的兴起，国内外市场对茧丝绸的需求空前高涨，蚕茧收购价格一路飙升，激发了各地发展蚕桑产业的积极性。1994 年，全国蚕茧生产量创历史新高（83 万吨），当时蚕茧产量排在前五位的省份分别是江苏、四川、浙江、山东和安徽
减产调整期 （1995—2000 年）	20 世纪 80 年代末至 90 年代初，我国蚕桑业生产发展过快，世界丝绸市场严重供过于求，全球丝绸消费退潮，加上印度、巴西、泰国等发展中国家蚕桑业发展引起的国际市场分化，我国丝绸出口严重受阻。蚕茧丝绸价格逐渐回落，蚕农生产积极性遭受严重影响，浙江、江苏、四川、广东等重点蚕区出现减量萎缩和区域转移

第二章

丝绸之路

我从遥远的东方走来

黄沙漫天，波澜壮阔

跨越古今，把那段传奇说给你听

1 丝路概况

丝绸之路简称丝路，一般指陆上丝绸之路，也可分为陆上丝绸之路和海上丝绸之路[①]，因作为运输丝绸的通商贸易路线而得名。广义上来说，它是对连接亚欧大陆的古代东西方交通路线的总称，它不仅是世界上最长的一条通商之路，更是一条连接东西方经济、文化、技术、宗教的文明交汇之路。

陆上丝绸之路起源于西汉（公元前202年—公元8年），汉武帝刘彻派张骞出使西域而形成其基本干道。它以西汉首都长安为起点（东汉时延伸至洛阳），经河西走廊到敦煌，再经新疆到中亚、西亚，并通往地中海各国，全长超过7000km，在中国境内超过4000km，是连接古代中国与西方的重要陆上商业贸易通道。该路线随历史发展不断变迁，曾在唐朝时达到鼎盛，直至16世纪仍保留使用，明清时期才逐渐没落而被取代。

海上丝绸之路是古代中国与外国进行商业贸易和文化交流的海上通道，也称"海上陶瓷之路"和"海上香料之路"，由法国汉学家沙畹在1913年首次提及。该路线主要以南海为中心，分为东海航线和南海航线两条路线。海上丝绸之路形成于秦汉时期，发展于三国至隋朝时期，繁荣于唐宋时期，转变于明清时期，是已知的最为古老的海上航线。

通过丝绸之路，东西方的经济、文化、技术、宗教都有着深度的交汇。在贸易流通方面，中国传入西方的主要商品有丝绸、茶叶、瓷器、漆器等；西方传入中国的主要有胡萝卜、胡瓜（黄瓜）、胡麻（芝麻）、胡桃（核桃）、香菜、葡萄、石榴、玻璃、狮子、汗血宝马等。在文化与技术交流方面，我国古代的"四大发明"通过丝绸之路，在欧洲近代文明产生之前陆续传入西方，成为资本主义生产方式发展的必要前提；而西域文化对中国也产

[①] 还有将丝绸之路分为陆上丝绸之路、海上丝绸之路、草原丝绸之路、西南丝绸之路等的说法，本书只着重于对陆上和海上丝绸之路的介绍。

李希霍芬和《中国》

　　"丝绸之路"，这个词最早出现在1877年德国地理学家费迪南·冯·李希霍芬（Ferdinand von Richthofen）的《中国》一书中，他把"从公元前114年至公元127年间，中国与中亚、中国与印度间以丝绸贸易为媒介的这条西域交通道路"命名为"丝绸之路"，这一名词很快被学术界和大众所接受，并广泛使用。而这条道路并未局限于李希霍芬所确定的时间和空间，在其后的一千多年里，众多的贸易往来、宗教传播、文化交流都沿着这条古代路线断断续续地进行着。

生了很大影响，如中原地区开始逐渐接受龟兹音乐和舞蹈。在宗教传播方面，佛教、琐罗亚斯德教、基督教、摩尼教和道教等都曾在丝绸之路沿线地区传播。

经由陆上丝绸之路传入我国的作物

香菜（芫荽、胡荽）	核桃（胡桃）

历史传承 篇

续表

大蒜（胡蒜）	蚕豆（胡豆）
芝麻（胡麻）	黄瓜（胡瓜）
胡萝卜	葡萄

　　张骞（约公元前164—前114年），字子文，汉中郡成固（今陕西省汉中市城固县）人，西汉杰出的外交家、旅行家、探险家，丝绸之路的开拓者。

　　西汉建元二年（公元前139年），张骞奉汉武帝之命，由甘父做向导，率领一百多人出使西域（阳关和玉门关以西，即今新疆乃至更远的地方），从此开始逐步打通了汉朝通往西域的道路，即赫赫有名的丝绸之路。汉武帝封张骞为博望侯。史学家司马迁更是称赞张骞出使西域之举为"凿空"，意思是"开通大道"。

1 | 2
   | 3

图1　张骞雕像（位于陕西省汉中市城固县）

图2　张骞青铜雕像（位于甘肃省敦煌市阳关故址）

图3　张骞纪念馆（位于陕西省城固县博望街道饶家营村）

张骞被誉为用双脚走出丝绸之路的开路人，一个"凿空"西域的先行者。梁启超称他为"坚忍磊落奇男子，世界史开幕第一人"。他迈出了通往西域艰难的第一步，开启了丝绸之路宏伟篇章。让我们展开那段遥远的历史画卷，回溯至两千多年前，共同亲历那段不凡的旅程。

〃 出使缘由

出使西域最初并不是为了互通商贸，开辟丝绸之路，而是出于汉朝军事上的考量——联合西域的大月氏夹击匈奴。

自汉朝开国起，北方的匈奴就不断向南侵犯，倚仗强悍的骑兵，侵占汉朝的领土，骚扰和掠夺中原居民。汉高祖刘邦亲率三十余万大军迎战，意在一举击溃匈奴主力，却反被围困于白登山，达七日之久。后采用谋士陈平之计，暗中遣人纳贿于冒顿单于的夫人，始得解围，史称"白登之围"。从此，汉高祖便不敢再用兵于北方。

后来的惠帝、吕后及文景二帝，忍辱负重，对匈奴采取和亲、纳贡等消极政策，却没有换来须臾的和平。文帝时期，匈奴骑兵甚至深入甘泉，进逼长安，严重威胁着西汉王朝的安全。

公元前141年，年仅16岁的汉武帝刘彻登上帝位。因"文景之治"的休养生息，此时西汉社会经济得到恢复和发展，国力昌盛。且汉武帝雄才大略，很有作为，他决心凭借雄厚的财力物力，大展宏图，建功立业，从根本上解决来自北方匈奴的威胁。

汉武帝即位不久，便从来降的匈奴人口中得知，因遭匈奴攻击，被迫从敦煌、祁连一带西迁到伊犁河一带的大月氏想对匈奴复仇，渴望有人相助，共击匈奴。汉武帝根据这一情况，决定联合大月氏，夹击匈奴。

那么谁去完成联络大月氏的重大使命呢？满朝文武竟无一人愿担此重任，汉武帝一气之下便下诏悬赏招募能人。此时的张骞还是一个小小郎官，但他不安现状，志存高远，得知此消息后，便自告奋勇应召了。汉武帝经过考查，认定他胸怀坦荡，办事灵活，善于待人处世且意志力极强，就选中了他。

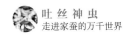

∅ 第一次出使

公元前 138 年，朝廷侍从官张骞从汉武帝刘彻手中接过象征授权的符节，率领一百多人的使团，踏上出使西域的行程。丝绸之路的故事也从此拉开序幕……

当时，他们对于西域可以说是一无所知，几乎就是探险。还好之前归顺大汉的"胡奴"甘父熟知西域的地形和语言，且野外生存能力极强，自愿充当张骞一行的向导和翻译。他们从长安出发西行，可刚出陇西进入河西走廊地界时，就碰上了匈奴的骑兵，被全部抓获。

他们被一路押送到匈奴王庭，见到了当时的匈奴首领军臣单于。军臣单于得知张骞使团打算去往月氏部落时，阴沉着脸对张骞说："月氏在吾北，汉何以得往使？吾欲使越，汉肯听我乎？"张骞自知理亏，无话可说。毫无疑问，他们的结局必定凶多吉少。

出师未捷身先死，张骞早已做好准备。但匈奴人并没有杀他，他们希望从张骞口中得知更多汉朝的情况，并试图说服这位勇敢的汉人为匈奴效力。张骞拒绝了，他的不合作和不妥协，导致他长时间被匈奴人软禁。

因为张骞是汉朝使者，单于对他还算客气。单于为软化、拉拢他，打消他出使大月氏的念头，软硬兼施，威逼利诱。他们还给他找了一个漂亮的匈奴女子为妻，想这样拴住他。在朝夕相处中，他和那位女子慢慢有了感情，还生了一个儿子。

然而，和张骞一起来的那些人就没有这样的待遇了，他们全被匈奴人当作了奴隶。张骞觉得实在对不起他们，但是也无可奈何，只是在他的强烈要求下，匈奴人才允许甘父跟着他。张骞虽被严密监视，但不忘初心，持汉节而不失，始终记着汉武帝交给自己的神圣使命，没有动摇为汉朝通使大月氏的意志和决心。就这样，他被匈奴人软禁了十年。

十年的时光足以磨灭一个人的雄心壮志，但也许只有细心的匈奴妻子才会发现，张骞会时不时眺望东方，那是长安的方向，他思念故乡，仍想着未完成的使命。

公元前 129 年的一天，机会终于来了，张骞趁着匈奴人打仗不备，决定逃走。但是他不能回长安，他出使大月氏的任务还没有完成，他要继续西行，可这样他就不能带上他的妻子和儿子。在与妻儿艰难地告别之后，他带领随从毅然踏上了西行之路。

这注定是一次艰苦的行军。茫茫戈壁滩，大漠孤烟，飞沙走石，热浪滚滚；而葱岭高如屋脊，冰雪皑皑，寒风刺骨。由于是匆匆出逃，物资准备不足，张骞一行风餐露宿，备尝艰辛。干粮吃尽了，就靠善射的甘父射杀禽兽聊以充饥，不少随从或因饥渴倒毙途中，或葬身黄沙、冰窟，献出了生命。庆幸的是，在匈奴留居十年，张骞等人详细了解了通往西域的道路，并学会了匈奴人的语言，他们穿上胡服，很难被匈奴人识破，因而较顺利地穿过了匈奴人的控制区。

他们向西疾行几个月，越过葱岭，到了大宛（今费尔干纳盆地区域）。到大宛后，他们向大宛王说明了自己出使大月氏的使命和沿途种种遭遇，希望大宛能派人相送，并表示今后如能返回汉朝，一定奏明汉武帝，重重酬谢。大宛王早就风闻东方汉朝的富庶，很想与汉朝通使往来，但苦于匈奴的阻碍，未能实现。汉使的意外到来，令他非常高兴，张骞的一席话，更使他动心。于是大宛王满口答应了他的要求，热情款待后，派了向导和翻译，把他们送到康居。康居王又遣人将他们送至大月氏。

然而，十多年来，大月氏已不复当年。在遭受敌国乌孙的数次打击后，大月氏被迫迁移到了妫水（今阿姆河）河畔。在这里，大月氏用武力征服了大夏，但因这里土地肥沃、资源丰富，逐渐由游牧生活改向农业定居，生活过得安逸，无意东还复仇了。

张骞千辛万苦来到大月氏，见到女王后，说明了自己一路艰险的历程和来意。女王对张骞的经历感到惊奇和钦佩，并热情款待，但对汉武帝联合攻击匈奴的提议却并不感兴趣，委婉地拒绝了。张骞等人没有立即离去，而是留在大月氏反复劝说，但全然无用，无奈只好在公元前 128 年动身返回大汉。

敦煌壁画：张骞出使西域图（位于莫高窟第323窟主室北壁，开凿于初唐）

在丝绸之路最为火爆的唐代，博望侯张骞不仅没被七八百年的岁月洪流冲走，反而被画进敦煌壁画，成了上墙的经典作品。佛教信众们借着张骞的名人效应，给张骞凿空的壮举来了一次历史错位，赋予了引入佛教的新含义。这幅赫赫有名的张骞出使西域图，由三个画面组成：

右上角的第一幅画面，一座挂着"甘泉宫"匾额的宫殿内，立着两尊佛像，一位帝王正带着群臣礼拜。帝王下方的榜题上写着："汉武帝将其部众讨匈奴，并获得二金长丈余，列之于甘泉宫。帝为大神，常行拜谒时。"

居于下方的第二幅画面是故事的主体，画中一位帝王骑着高头大马，身后一千侍从僚属。帝王的对面，持笏板跪拜者就是张骞。他们之间的榜题写着："前汉中宗既获金人，莫知名号，乃使博望侯张骞往西域大夏国问名号时。"如果说获得金人之后张骞又去了趟西域，那画中所绘应是张骞第二次出使西域。

左上角的第三幅画面，一位使者带着两位持旌节的侍从经行山间，向一座城池进发。城内中心为一座佛塔，城门口站着两名僧人，僧人旁的榜题写着"□大夏时"。这个画面表现了张骞最后到了大夏国，见到了佛塔，知道了金人实际上是佛像。

绘制张骞出使西域图的初唐时期，正是道居佛先、佛道之争不息的时代。佛教信众借张骞把佛教传入中国的时间提前两百多年，以此与道教的老子化胡说抗衡。这幅图是莫高窟第323窟的八幅佛教史迹画之一，其他七幅也多有史实可考。当时的敦煌人正是通过这样一种虚实结合的方法，绘出一部佛教史绘本，用图像记录佛教文化在中国传播的历史。

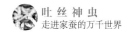

回国途中，为避开匈奴控制区，张骞改变了路线，计划穿过青海羌人地区，以免再被匈奴人扣留。于是，他们重越葱岭，不走来时塔里木盆地北部的"北道"，而改行塔里木盆地南部、昆仑山北麓的"南道"，从莎车，经于阗、鄯善，进入羌人地区。但出人意料的是，此时的羌人也已经沦为匈奴的附庸，他们再次被匈奴骑兵抓住，又被扣留了一年多。

直到公元前 126 年，军臣单于病逝，匈奴陷入内乱，张骞才得以趁机脱身，再次出逃，他的匈奴妻子也义无反顾地和他一起踏上了行程。最终，张骞回到了长安，而此时的他，也已经从一个英姿勃发的青年，变成年近不惑、饱经风霜的中年人了。这一次出使西域，"行时百余人，去十三岁，唯二人得还"。

回国复命的张骞将西域各国丰富的物产、奇异的风俗及山川地貌，向汉武帝做了详细汇报，张骞的讲述让汉武帝及所有大臣都听得入了迷。他十三年跌宕起伏的出使经历，对于大汉来说无疑是一个令人振奋的地理大发现。这次出使西域虽没有达到联合大月氏共同抵御匈奴的目的，但所带回来的西域地图、物产和中原从未见过的植物种子，都为以后中原加强与西域的联系奠定了基础。

在张骞返回长安后，汉朝抗击匈奴侵扰的战争，已进入了一个新的阶段。公元前 123 年，大将军卫青两次出兵进攻匈奴，汉武帝命张骞为校尉，随着卫青出击漠北。当时，军队行进于千里塞外，在茫茫黄沙和无际草原中，给养相当困难。张骞正好熟悉匈奴军队的特点，又有沙漠行军的经验和丰富的地理知识，他为汉朝军队做向导，指点行军路线和扎营布阵的方案，为战争的胜利提供了可靠的保障。事后论功行赏，汉武帝封其为"博望侯"！

⚡ 第二次出使

在张骞第一次出使西域的同时，西汉王朝也对匈奴展开了一系列军事行动，匈奴大败远遁，退至漠北。西汉王朝在对匈奴的战争中掌握了主动，前往西域的道路基本畅通，为张骞的第二次出使西域、丝绸之路的形成以及西域诸国同西汉王朝的友好往来，奠定了坚实的基础。

西汉王朝的反击只是肃清了匈奴在漠南及河西走廊的势力，西域各国仍然被匈奴控制着，依然威胁着西汉王朝西北边境的安全。为了彻底铲除匈奴势力，实现开疆拓土的雄心大略，公元前 119 年，汉武帝再度派遣张骞出使西域，目的是设法联络当时与匈奴交恶的乌孙等西域诸国，联合打击匈奴。

相较于第一次，这一次出使队伍浩大，随员三百，牛羊万头，并携钱币、绢帛数千巨万。但张骞这次出使仍然没有达到预期的目的，当他们到达乌孙时，正值乌孙因王位之争而政局不稳，国内贵族又惧怕匈奴，故西汉王朝欲同乌孙结盟攻打匈奴的政治目的再次落空。但在乌孙期间，张骞分别派遣副使到大宛、康居、大月氏、大夏、安息各国，广泛联络。

公元前 115 年，张骞回到长安，汉武帝对他这次出使西域的成果非常满意，特封他为太中大夫，授甘父为"奉使君"，以表彰他们的功绩。乌孙派送张骞回国的使者见到汉朝"人众富厚"，回去报告后，汉朝在西域的威望大为提高。不久，张骞所派副使也纷纷回国，并带回许多所到国的使者。从此中西之间的交通正式开启，汉朝与西域各国友好往来，逐步开始经济方面的交流。葡萄、胡萝卜、石榴等瓜果蔬菜，以及骆驼、狮子、鸵鸟等物种也陆续沿着丝绸之路传入中原。

公元前 114 年，张骞与世长辞。

如今在陕西汉中城固县张骞纪念馆的献殿门柱之上题有一副楹联，上书："一使胜千军，两出惠万年。"这反映了人们对张骞最深的怀念。

张骞纪念馆的献殿（门柱之上题有一副楹联："一使胜千军，两出惠万年"）

张骞墓（位于张骞纪念馆内，墓碑上刻有"汉博望侯张公骞墓"，是清乾隆时陕西巡抚毕沅所立）

3 重走丝路

让我们循着张骞的足迹，重新踏上这神秘壮阔的丝绸古路，一睹当年的风采。

丝绸之路线路

陆上丝绸之路一般可分为东、中、西三段，而每一段又都可分为北、中、南三条线路。

东段：自长安至敦煌。（汉代开辟，东汉时延伸至洛阳）

中段：自敦煌出玉门关、阳关至葱岭（今帕米尔高原）。（汉代开辟）

西段：自葱岭往西经过中亚、西亚直到欧洲。（唐代开辟）

◎ 东段

东段各线路的选择，多考虑翻越六盘山以及渡黄河的安全性与便捷性。主要有三条线路，均从长安（后延伸至洛阳）出发，到武威、张掖汇合，再沿河西走廊至敦煌。

河西走廊

  河西走廊，是今甘肃省中段的一条地理大通道，东西长约 1200km，宽约数千米至近百千米不等。它东起乌鞘岭，西至星星峡，南侧是祁连山脉，北侧是龙首山、合黎山和马鬃山，因为地处黄河以西，又形似走廊，于是被人们称作"河西走廊"。河西走廊是中原通向中亚、西亚的必经之路，更是中西方文化交流史上的一条黄金通道，而丝绸之路就是从河西走廊穿过的。

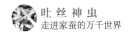

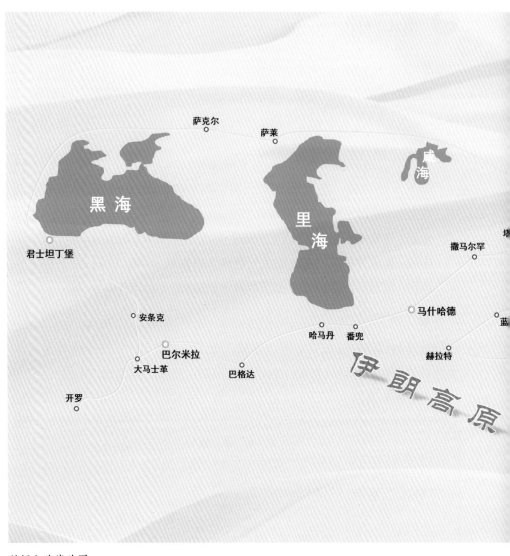

丝绸之路线路图

碎叶
弓月城
北庭
蒲类海
蒙古高原
姑墨　龟兹　焉耆
高昌　　哈密
疏勒
塔克拉玛干沙漠　若羌
楼兰　玉门关　敦煌
酒泉　张掖
库尔干　莎车
于阗
且末
阳关
武威
昆仑山
青藏高原
西宁　永靖　兰州　固原　泾川
临洮
天水　宝鸡　长安
沙瓦

至印度

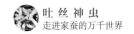

北线：由长安经泾川，越六盘山至固原，在靖远渡黄河至武威。路程较短，但沿途供给条件差，是早期的路线。

中线：由长安沿渭河至宝鸡、天水，过陇山至兰州渡黄河，溯庄浪河，翻乌鞘岭至武威。

南线：与中线在天水分道，经临洮由永靖渡黄河，穿西宁，越大斗拔谷（今扁都口）至张掖。南线补给条件虽好，但绕道较长，因此中线后来成为主要干线。

◎ **中段**

中段主要是西域境内的诸线路，它们随绿洲、沙漠的变化而时有变迁。三线在中途，尤其是安西四镇（唐朝初期，在安西都护下设龟兹、于阗、疏勒、碎叶四个军事重镇，史称安西四镇）多有分岔和支路。

北线：由敦煌西北行，出玉门关，经哈密、蒲类海（今巴里坤湖）、北庭（今吉木萨尔）、弓月城（今吐鲁番于孜乡）、碎叶（今吉尔吉斯斯坦托克马克）至怛罗斯（今哈萨克斯坦塔拉兹）。

中线：由敦煌出玉门关，沿塔克拉玛干沙漠北缘，经楼兰（今若羌县）、高昌（今吐鲁番高昌区）、焉耆、龟兹（今库车）、姑墨（今阿克苏）、疏勒（今喀什）到大宛（今费尔干纳盆地）。

南线：由敦煌出阳关，沿塔克拉玛干沙漠南缘，经若羌、且末、于阗（今和田）、莎车等至葱岭。

◎ **西段**

自葱岭往西直到欧洲都是丝绸之路的西段，它的北、中、南三线分别与中段的三线对应相接。其中经里海到伊斯坦布尔（君士坦丁堡）的路线是在唐朝中期开辟的。

北线：由怛罗斯沿咸海、里海、黑海的北岸，经萨莱（今俄罗斯的阿斯特拉罕）、萨克尔（今俄罗斯的罗斯托夫州）等地到君士坦丁堡（今伊斯坦布尔）。

中线：自疏勒起，走费尔干纳盆地、撒马尔罕、布哈拉等到马什哈德

（今伊朗），与南线汇合。

南线：起自葱岭，可由塔什库尔干，经蓝市城（今阿富汗北部之伐济纳巴德）、赫拉特到马什哈德；也可从白沙瓦、喀布尔到马什哈德，再经番兜（今伊朗的赫卡通皮洛斯）、哈马丹、巴格达、巴尔米拉、大马士革等前往欧洲。

丝路古国

伴随着丝绸之路，让人们看到遥远的西域不单是茫茫昆仑和万顷流沙，在星罗棋布的沙漠绿洲上，还有着众多美丽富饶的城邦国家。这些国家神秘且多彩，诉说着他们传奇的历史，但由于强敌环伺，多民族不间断征战，多数国家被兼并或融合，或在风沙和瘟疫中自行消失。

具体来说，自敦煌以西，主要有以下几个名声较大、持续时间较长的国家。

◎ 大宛

大宛位于帕米尔高原西麓，今费尔干纳盆地一带，地处东西方交通要道。汉时王都贵山城（今乌兹别克斯坦卡散赛）。所辖大小城镇七十余座，人口数十万。农业与畜牧业兴盛，产稻、麦、苜蓿、葡萄等，尤以出产汗血马著称，商业也较发达。汉武帝于公元前104年派遣贰师将军李广利率军西击大宛，以取汗血宝马。公元前102年，大宛降汉。唐代称其为宁远国，或拔汗那；明清称其为浩罕汗国。

汗血宝马

大宛特产汗血宝马，其皮薄毛细，毛细血管发达，在阳光下奔跑时肤色泛红，好像在出血一样，因而得名。

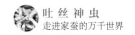

◎ 楼兰

据《史记·大宛列传》和《汉书·西域传》记载，2 世纪以前楼兰就已经非常繁华了，是西域著名的"城廓之国"。它东通敦煌，西北可到焉耆和尉犁，西南则连通若羌和且末。

汉朝、晋朝的使者前往西域时，出了玉门关后，首先到达的便是楼兰。楼兰是沙漠绿洲，也是丝路南线与北线的交叉点，商人、旅者、使者、僧人接踵而至，络绎不绝，大大促进了中国同西方世界的经济文化交流。当时的楼兰绿洲无垠、沃野千里、阡陌纵横、物阜民丰，兴盛之况令人叹为观止。作为东、西方文化交流的枢纽，楼兰及其附近也形成了一个"国际化"的都市群，融汇东西、兼容并包。

然而，谁也想不到的是，盛极一时的楼兰古城神秘地消失了，原本烟波浩渺的罗布泊也逐渐变成草木不生的盐壳地。

◎ 精绝

精绝是西汉时期西域一个狭小的城邦国家，接受着汉西域都护府的统辖，后于东汉时期被更为强大的鄯善国吞并。作为丝绸之路上的交通要冲，精绝一度繁华富庶、商贾云集。精绝的主要产业是农业，主要种植作物是枣树，因为枣树耐干旱、耐盐碱，既可抵御风沙、美化环境，果实又可食用。此外，精绝的人民还种植桃、苹果、杏、桑之类的作物。

水资源、耕地资源、林业资源是当地最为宝贵的资源，精绝对水的使用、树木的保护都有一套严格的管理制度。如有耕地发生无水干旱的情况，则会及时调查并处理；但若因为管理不善而造成损失，则会受到惩罚。《新疆出土·佉卢文残卷译文集》中就有这样的描述："活树，应阻止任何人将树连根砍断，否则罚马一匹；若砍断树枝，则应罚母牛一头。"这便是当时这一制度的生动说明。

◎ 龟兹

龟兹一直以来都是塔克拉玛干沙漠北道的重镇，具有极其繁荣的宗教、文化与经济。龟兹石窟艺术的历史比莫高窟还要久远，被现代石窟艺术家称作"第二个敦煌莫高窟"。龟兹人擅长音乐，龟兹乐舞发源于此。龟兹的冶铁业也高度发达、闻名遐迩，西域许多国家的铁器都依赖于龟兹生产。此外，龟兹还盛产葡萄酒，唐朝的长安城有许多酒肆卖的是龟兹产的葡萄酒。

龟兹是一个非常特殊的区域，是古印度、波斯、古希腊、古罗马和中国这五大文明的交汇之处，这里数以万计的出土文物和大量的石窟都是龟兹汇聚各方文明的体现。扼守着丝绸之路中段中线之咽喉的龟兹古国，在畅通东西方贸易、沟通东西方文明方面，起到了重要作用，也因此在世界历史上占据着重要位置。

◎ 于阗

于阗地处塔里木盆地南缘，是一个十分古老的城邦国家。有关于阗的记载，最早见于《史记·大宛列传》："于阗之西，水皆西流注西海；其东，水东流注盐泽。"

西汉时期，中原的丝织品大量涌入于阗诸地，并进一步通过罽宾道运入印度西北的犍陀罗地区。于阗位于当时的交通要道上，与其他地区有着十分密切的贸易往来。除了丝织品以外，塔里木盆地南缘还有于阗产出的玉石、皮革、羊毛以及毛毡等货物，源源不断地向印度输送。人们在巴基斯坦塔克西拉古城遗址中，就发现了公元前1世纪时从于阗运去的玉石，存藏于工匠的珠宝罐中。

◎ 康居

康居原游牧于乌孙以西、奄蔡以东，约在今中亚巴尔喀什湖与咸海之间，王都卑阗城，故址可能在今乌兹别克斯坦塔什干一带。

汉初，康居"国小，南羁事月氏，东羁事匈奴"；后逐渐强大，东侵乌孙，南越锡尔河而入中亚农业区。国境遂南接大月氏，东、南临大宛。

张骞通西域后，康居是最早同汉朝交往的西域国家之一，至晋朝而不断。南北朝时，役属于嚈哒。嚈哒人西迁后，康居国就不复存在了。

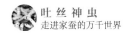

◎ 大月氏

　　月氏在战国、秦至汉初游牧于今甘肃河西走廊西部张掖至敦煌一带，势力强大，为匈奴劲敌。西汉文帝（公元前180—前157年在位）初期，因遭匈奴的重创，月氏大多数部众被迫从敦煌、祁连山间西迁至伊犁河流域及伊塞克湖附近塞种地区。后遭乌孙攻击，丢失伊犁河流域等地，遂被迫再次南迁，过大宛，定居于妫水北岸，并建立政权，史称"大月氏"。

　　公元前1世纪初，大月氏又征服妫水南的大夏，并于其地分置休密、双靡、贵霜、肸顿、高附五部翕侯（首领）。至公元初，贵霜翕侯击败其他四翕侯（首领的称呼），建立了强大的贵霜帝国（大汉、贵霜、安息、罗马为当时四大帝国）。

大月氏王庭祭祀坛

◎ 大夏

　　大夏为张骞首次西使所亲临的西域大国之一。

　　公元前171—约前139年，本居中国西部的大夏人，经今新疆南部西迁，促成了巴克特里亚国家之崩溃，又占据了妫水上游南北两岸地，即张骞出使西域时所称的大夏国。大夏人半农半牧，有自己的语言。

约公元前 139—前 129 年，北方南下的大月氏人征服大夏，占领妫水北，大夏退居妫水上游之南。大夏都城为蓝市城，在今阿富汗北部巴尔克附近。

◎ 安息

安息即帕提亚王国（公元前 247—226 年），为奴隶制王国。安息地处伊朗高原东北部，原为波斯帝国属地。公元前 3 世纪中叶独立，阿萨息斯一世称王，建阿萨息斯王朝（中国史籍译称"安息"）。安息在米特拉达悌一世（公元前 171—前 138 年）时对外扩张，占领整个伊朗高原及两河流域，一跃成为西亚大国。初都尼萨后西迁至赫卡顿比勒（今里海东南方）和忒息丰，为丝绸之路所必经。国势强盛时，东与贵霜、西与罗马帝国抗衡。2 世纪末转衰，226 年为波斯萨珊王朝所取代。

安息是张骞首次出使西域时听闻的大国之一，据传"其属大小数百城，地方数千里"。公元前 115 年张骞出使乌孙时，遣副使至安息；安息国王曾率二万骑迎于东界，又派使者随汉使来汉地献大鸟卵等。

◎ 身毒

身毒为印度河流域古国，一般认为在北印度，始见于《史记·大宛列传》。"身毒"译自梵文，为中国对印度的最早译名，又作申毒、天竺、印度等。

据《后汉书·西域传》所载，中国在 2 世纪时对身毒的地理、物产、宗教、政治情况已有初步了解。当时身毒许多地区皆属大月氏，即早期贵霜帝国。

④ 丝路重生——"一带一路"

✍"一带一路"概述

2013年9月和10月，习近平主席分别提出建设"丝绸之路经济带"和"21世纪海上丝绸之路"的合作倡议。"一带一路"即"丝绸之路经济带"和"21世纪海上丝绸之路"。"一带一路"倡议旨在依靠中国与有关国家既有的双多边机制，借助既有的、行之有效的区域合作平台，借用古代"丝绸之路"的历史符号，高举和平发展的旗帜，积极发展与共建"一带一路"国家的经济合作伙伴关系，共同打造政治互信、经济融合、文化包容的利益共同体、命运共同体和责任共同体。

2015年3月28日，国家发展改革委、外交部、商务部联合发布了《推动共建丝绸之路经济带和21世纪海上丝绸之路的愿景与行动》。文件阐述了"一带一路"倡议构想的共建原则、合作重点和制度保障，回应了各界关切，为"一带一路"合作点亮了"航标灯"。

截至2023年8月24日，中国已与150多个国家、30多个国际组织签署了200多份共建"一带一路"合作文件，形成3000多个合作项目，拉动近万亿美元投资规模，打造了一个个"国家地标""民生工程""合作丰碑"，为共建国家发展注入强劲动力。"一带一路"已成为最受欢迎的国际公共产品和最大规模的国际合作平台。

2023年10月17日至18日，第三届"一带一路"国际合作高峰论坛在北京举行，成为纪念"一带一路"倡议十周年最隆重的活动。此次活动主题为"高质量共建'一带一路'，携手实现共同发展繁荣"，活动中还发布了"一带一路"十周年纪录片《通向繁荣之路》。

2000多年后的"一带一路"合作倡议，赋予古"丝绸之路"以全新的时代内涵。秉承"共商、共建、共享、共赢"的合作理念，中外蚕桑领域的国际交流合作不断开展，中国蚕桑专家和技术受到世界各国人民的高度评价。

古老的"丝绸之路"正在焕发蓬勃的发展活力，为促进世界的和平与发展发挥重要作用。

"一带一路"的十年成果

2023年10月10日，国务院新闻办公室发布《共建"一带一路"：构建人类命运共同体的重大实践》白皮书，全面介绍了共建"一带一路"10年来取得的丰硕成果。

10年来，中国与共建"一带一路"国家进出口总额累计达到19.1万亿美元，年均增长6.4%。在投资领域，十年来中国与"一带一路"共建国家的双向投资累计超过3800亿美元，其中对共建国家的直接投资超过2400亿美元，共建国家对华投资累计超过1400亿美元，在华新设的企业接近6.7万家。10年来，中欧班列开辟了亚欧陆路运输新通道。截至2023年9月底，中欧班列已通达欧洲25个国家217个城市，累计开行超过7.8万列，运送货物超过740万标箱，运输货物品类在开行初期以数码产品为主，目前已扩大到53个大类、5万多个品种。

共建"一带一路"的另一大主要成果在于互联互通。"一带一路"以基础设施"硬联通"为重要方向，以规则标准"软联通"为重要支撑，以共建国家人民"心联通"为重要基础，不断拓展合作领域，成为当今世界范围最广、规模最大的国际合作平台。在"硬联通"方面，中老铁路、雅万高铁、匈塞铁路、比雷埃夫斯港等一批标志性项目陆续建成并投运，中欧班列开辟了亚欧陆路运输新通道，"丝路海运"国际航线网络遍布全球，"六廊六路多国多港"的互联互通架构基本形成。在"软联通"方面，中国与共建国家持续深化规则标准等领域合作，《区域全面经济伙伴关系协定》（Regional Comprehensive Economic Partnership，RCEP）已对15个成员国全面生效，中国与28个国家和地区签署了21份自贸协定，与65个国家标准化机构和国际组织签署了107份标准化合作协议，与112个国家和地区签署了避免双重征税协定。在"心联通"方面，教育、文化、体育、旅游、考古等领域的合作不断深化，中国已与45个共建国家和地区签署高等教育学历学位互认协议，设立了"丝绸之路"中国政府奖学金，与 144 个共建国家签署文化和旅游领域合作文件，打造了"鲁班工坊""光明行""孔子课堂"等一批人文交流项目。

以下为部分代表性项目介绍。

◎ **雅万高铁**

雅万高铁是一条连接印度尼西亚雅加达和万隆的高速铁路，是东南亚首条高速铁路。其全长 142.3km，全线采用中国技术、中国标准，是中国高铁首次全系统、全要素、全产业链在海外落地的项目。其最高设计时速 350km，通车后，雅加达与万隆两城的来往时间由之前的 3 个多小时缩短至 40 多分钟。

◎ **中老铁路**

中老铁路是一条连接中国云南昆明与老挝万象的电气化铁路，由中国按国铁 I 级标准建设，是第一个以中方为主投资方建设、共同运营并与中国铁路网直接连通的跨国铁路。其于 2021 年 12 月 3 日全线通车运营，截至 2023 年 10 月 3 日，累计运输货物 2680 多万吨，让老挝由"陆锁国"变成"陆联国"，间接为老挝增加 10 万余个就业岗位。

左图　雅万高铁
右图　中老铁路

◎ 瓜达尔港

　　瓜达尔港位于巴基斯坦俾路支省西南部瓜达尔城南部，是一个地处阿拉伯海的国际深水港。它于 2002 年 3 月开工兴建，2016 年 11 月开港通航，是一座资金、技术都来自中国的完完全全的中资港口。其在中巴经济走廊项目中占据重要地位，有着深远的战略意义，紧扼从非欧大陆经红海、霍尔木兹海峡和波斯湾前往太平洋及亚洲东部的多条重要航线的"咽喉"，被看作连接"一带一路"和"海上丝绸之路"的特殊纽带。

瓜达尔港

◎ 阿尔及利亚一号通信卫星

　　阿尔及利亚一号通信卫星（简称"阿星一号"）是中阿两国航天领域的首个合作项目，也是阿尔及利亚第一颗通信卫星。阿星一号是中国空间技术研究院下属通信卫星事业部研制的通信卫星，采用东方红四号公用卫星平台，共有 33 路转发器，服务寿命为 15 年。2017 年 12 月阿星一号搭乘中

国长征三号乙运载火箭从西昌卫星发射中心成功发射，其覆盖阿尔及利亚全境，可以为偏远地区的民众提供通信服务，目前已逐步服务于阿尔及利亚广播电视、宽带接入、移动通信、应急通信等多个领域。2023年10月，阿星一号作为"一带一路"的100个故事之一，被印在阿尔及利亚面额500第纳尔纸币上，成为中阿友好合作的象征。

阿尔及利亚面额 500 第纳尔纸币正面

生命绽放篇

走进家蚕的万千世界

吐丝神虫

第三章

蚕

一条神奇的吐丝天虫

却又是那万千普通的鳞翅目昆虫之一

跨越千年的历史风尘

让我们一睹真实的生命精彩

蚕，一个神奇而低调的存在。从广义上来说，我们把鳞翅目蚕蛾总科的昆虫幼虫都叫作"蚕"，而我们日常见到和用到最多的蚕就是白白胖胖的蚕宝宝。在分类学上，蚕宝宝的拉丁学名是 *Bombyx mori* L.，中文名叫桑蚕，也称家蚕；英文名为silkworm，由silk（丝）和worm（蠕虫）两个词拼合而来，意为会吐丝的虫。

桑蚕起源于中国，由古代栖息于桑树上的原始型桑蚕驯化而来，形态和习性与今天食害桑叶的野蚕（*Bombyx mandarina*）十分相似，而且野蚕的基因99%以上与桑蚕相同，它们还能杂交产生正常子代。

🐚 小知识

生物的分类系统是按照界、门、纲、目、科、属、种这七个级别来定位的，种是分类的最基本单位。根据这一原则，桑蚕的精准定位应该是动物界、节肢动物门、昆虫纲、鳞翅目、蚕蛾科、蚕蛾属、桑蚕种。

生物学名的命名采用的是著名分类学家林奈提出的"双名法"，即属名＋种加词，用斜体的拉丁文表示。例如，桑蚕的学名是 *Bombyx mori*，代表的是蚕蛾属（*Bombyx*）、桑蚕种（*mori*）。

虽然在我们的印象中蚕宝宝总是白白胖胖、可爱的小虫子，但是毛茸茸、扑棱着翅膀的蛾才是它的最终形态。它的一生要经历卵、蚕、蛹、蛾四个阶段，而每个阶段的形态都不大相同，是一种十分典型的完全变态发育过程。对于它各阶段的形态特点，我们将在第四章进行具体介绍。

左图　一只发呆的蚕宝宝
右图　一只刚刚破茧的蛾

小知识

　　所谓"变态"，是指昆虫在不同发育阶段会表现不同的形态，这是昆虫生长发育过程中的一个重要现象。其中，只经过卵、若虫和成虫 3 个时期的，叫作不完全变态，比如蝗虫、蚂蚱、螳螂等；而经过卵、幼虫、蛹和成虫 4 个时期的叫作完全变态，比如蝴蝶、蚊子、蜜蜂等。完全变态的昆虫的幼虫与成虫在形态构造和生活习性上明显不同。

蛾与蝶的区别

　　人们称蝶类为"飞舞的花朵"，而对于同属鳞翅目的近亲蛾类却知之较少。这主要是因为蛾类大多于夜间活动，而且多数种类生活于深山老林，要么外表平平，被人们忽视，要么被误认为是蝴蝶。蝶类与蛾类共同的特征是身体和翅的表面布满了五颜六色的鳞片和细毛，那我们怎么才能区分蛾和蝶呢？

蛾与蝶

蝶类和蛾类同属于鳞翅目。鳞翅目是昆虫纲中的第二大目，有17万余种。在分类系统中，蝶类属锤角亚目，蛾类属异角亚目。它们的区别如下。

* 停歇状态：多数品种的蛾休息时翅膀是展开的；而蝶停歇时翅膀却经常是并拢的。

* 触须：雄性蛾的触须呈羽毛状、雌性呈丝状；蝶的触须为棒状，末端膨大，也称锤状。

* 身体粗细：蛾身体肥胖，六肢粗短；蝶一般很瘦，六肢细长。

* 出没时间：白天出来的不一定是蝶；但夜晚才出来的一定是蛾。

考古学、细胞遗传学和现代分子生物学研究都表明世界各地的家蚕由原始型桑蚕驯化而来。现代野蚕和家蚕的形态差异明显，难以想象白白胖胖的蚕宝宝居然和这么黑黑瘦瘦的小虫子有共同的祖先！

1	2
3	4

图 1　黑黑小小的野蚕
图 2　白白胖胖的家蚕
图 3　野蚕蛾
图 4　家蚕蛾

　　而野蚕与家蚕的前世今生蕴含了数千年进化与选择的魅力。原始型桑蚕在它的生存过程中发生系统分化：一些在自然选择下进化、演变为野蚕（*Bombyx mandarina*）；另一些发生不定向变异，在人类活动的干预下，特

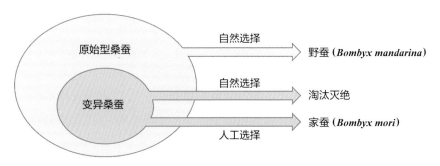

原始型桑蚕进化示意

别是在人类开始利用蚕茧的行动中被人工选择，其变异不断积累，行为、繁育性能、发育整齐度等各方面都被逐渐驯化，向原始家蚕方向发展，最终演变为家蚕；同时，发生了变异但没被人工选择驯化的原始型桑蚕由于其适应自然的能力下降，已经在漫长的历史长河中灭绝。

随着人类文明的进步、相互交往的增多，被驯化后的桑蚕通过"丝绸之路"由中国传播至世界各地。在漫长的岁月中，在不同的地理、气象等环境条件下，经过自然选择和人工选择，并长时间内处于地理隔离状态，没有经历品种交换带来的遗传物质交流，家蚕形成了四大不同的地理系统：中国系统（中系）、日本系统（日系）、欧洲系统（欧系）和热带系统（热带系）。各系统又根据化性特征分化出一化、二化或多化性等 8 种生态类型：中系 1 化、中系 2 化、中系滞育多化、日系 1 化、日系 2 化、欧系 1 化、热带系滞育多化、热带系非滞育多化（滞育即蚕卵发育停滞，进入休眠期）。

🐛 小知识

　　化性是家蚕的重要生物学特征，指家蚕在自然状态下，一年内发生的世代数。一年内发生 1 代后产下滞育卵的叫一化性品种；一年内发生 2 代后产下滞育卵的叫二化性品种；一年内发生 3 代或以上后产下滞育卵的叫有滞育多化性品种，产下非滞育卵的叫无滞育多化性品种。一般一化性品种蚕发育较缓慢，经过日数较多，食桑量较大，体质较弱，茧形较大，丝量较多；多化性则相反；二化性介于两者之间。

　　四大系统的家蚕在外貌形态、体质强健性、生产性能、化性、眠性等各方面都各自有着明显的特征。如在茧形茧色方面，一般中国系统蚕茧是短椭圆形、白色；日本系统蚕茧是束腰形、白色；欧洲系统蚕茧是长椭圆形，多为肉色；热带系统蚕茧是纺锤形，多为黄色和淡黄色。现在家蚕育种多培育不同系统的母种，然后让不同系统进行杂交，以充分发挥杂交优势来提高蚕茧产量和质量。

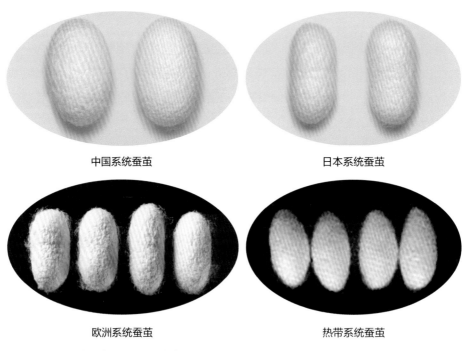

中国系统蚕茧　　　　　　　　　　　日本系统蚕茧

欧洲系统蚕茧　　　　　　　　　　　热带系统蚕茧

四大不同地理系统家蚕的性状差异

③ 蚕的大家族

除了我们的主角桑蚕外，目前常见的仍在被人类利用的蚕还有柞蚕、蓖麻蚕、樗蚕、天蚕、乌桕蚕、琥珀蚕、樟蚕、栗蚕、柳蚕等，基本属于鳞翅目大蚕蛾科（Satumiidae），算是桑蚕的近亲，个体都比桑蚕要大得多，吃的也大不相同，而且吐丝的颜色也不同。

柞蚕

柞蚕，学名*Antheraea pernyi*，是鳞翅目大蚕蛾科柞蚕属昆虫，古称春蚕、槲蚕、栎蚕，也叫山蚕。它吃柞树叶为生，由此得名。柞蚕是我国所特有的一种具有重要经济价值的昆虫。它的丝是浅褐色的，比桑蚕丝粗得多，不过也可以缫丝，用来织造柞丝绸。现在人们利用的主要是它的蛹，因为它的蛹比桑蚕蛹大很多，且营养丰富、美味可口，是一种特别受欢迎的食材。吉林省蚕业科学研究所曾研制出40多种柞蚕蛹菜肴和蚕蛹面包、蚕蛹糕等柞蚕蛹食品。

左图　柞蚕幼虫
右图　柞蚕茧

左图　柞蚕蛹
中图　柞蚕蛾
右图　柞蚕蛹菜肴

// 蓖麻蚕

蓖麻蚕，学名*Philosamia cynthia ricini*，是鳞翅目大蚕蛾科蓖麻蚕属樗蚕的一个亚种，原产于印度，又称印度蚕、木薯蚕。它食性广泛，主食蓖麻叶，由此得名，也可食用木薯、臭椿等。蓖麻蚕的形态特点是身体环节上有一圈突起的小刺。蓖麻蚕茧呈洁白色、枣核形，茧衣又厚又多，约占茧层量的1/3，且茧层缺少弹性，厚薄、松紧差异较大，外层松似棉花，故而不能缫丝，但是可以作为绢纺原料。同时蓖麻蚕也是一味有名的中药材，有祛风除湿、止风湿痹痛的功效，一般可将蓖麻蚕幼虫放置于沸水中略烫，取出，拌以草木灰，晒干后外敷。

左图　蓖麻蚕幼虫
中图　蓖麻蚕茧
右图　蓖麻蚕蛾

椿蚕

椿蚕，学名*Philosamia cynthia*，是鳞翅目大蚕蛾科蓖麻蚕属昆虫，又称椿蚕、臭椿蚕、小乌桕蚕。它主要食用椿树叶（即臭椿叶），由此得名，也可食用乌桕、蓖麻等。椿蚕幼虫因大量啃食臭椿叶和幼芽，是一种需要防治的害虫。椿蚕茧呈灰褐色纺锤形，茧丝可缫丝加工成椿绸，织物结实、耐磨、耐腐、不蛀。椿蚕蛾翅膀呈棕褐色，最明显的特征就是翅面上有 4 个月牙形的半透明斑纹。

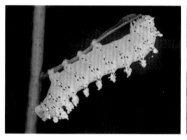 

左图　椿蚕幼虫
右图　椿蚕蛾

椿蚕和蓖麻蚕是同一个种下的不同亚种，算是近亲，它们的外观也很相似，最大的区别是椿蚕的背部有排列整齐的白色丛毛。我国科研人员经研究认为，椿蚕是蓖麻蚕的祖先，并成功培育出椿蚕和蓖麻蚕的杂交品种，这种蚕既能吃蓖麻叶，也能吃臭椿叶。

樟蚕

樟蚕，学名*Eriogyna pyretorum*，是鳞翅目大蚕蛾科樟蚕属昆虫，又称枫蚕。它主要食用樟树叶，由此得名，也可食用枫树叶、野蔷薇等。樟蚕最大的形态特点就是体披细长的白毛。樟蚕丝的用途很特别。人们并不会用它的茧来缫丝，而是在它还没有结茧前就"剖腹取丝"，将丝腺浸入醋中人工拉丝，可制成优质的钓鱼线。这种线在水中几乎透明无影，是最佳的钓鱼线，故樟蚕又称渔丝蚕。不过由于技术发展，当今的钓鱼线普遍采用尼龙材

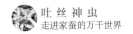
质，更为便宜和强韧。樟蚕丝也可以精制成优质的缝合线，用于外科手术的伤口缝合。

左图　樟蚕幼虫
右图　樟蚕蛾

柳蚕

柳蚕，学名*Actias selene*，是鳞翅目大蚕蛾科长尾水青蛾属昆虫，又称大青天蛾蚕、中柏蚕。它主要食用柳树叶、枫杨树叶、乌桕叶等。成虫因尾带呈绿色长条状，极为好看，又称燕尾蛾、水青蛾、绿翅天蚕蛾、飘带蛾等。柳蚕为绢丝昆虫，优质茧可抽300m长的丝，丝有细而耐腐的优点。

1	2
3	

图 1　柳蚕幼虫
图 2　柳蚕蛹
图 3　柳蚕蛾

琥珀蚕

琥珀蚕，学名*Antheraea assamensis*，是鳞翅目大蚕蛾科柞蚕属昆虫，也称钩翅大蚕蛾，主要产自印度，在印度称阿萨姆蚕或姆珈蚕。琥珀蚕食性较广，主要食用黄心树及樟属、木姜子属的植物叶片。琥珀蚕丝天然呈金黄色，当前只有印度在生产利用。印度当地妇女会用其编织印度传统服饰——腰带和沙丽，并绣上精美的图案。每个女孩都会在自己的婚礼等重大节日穿上这种华美的琥珀蚕丝纱丽。

图 1 　琥珀蚕幼虫
图 2 　琥珀蚕蛾及蚕茧
图 3 　琥珀蚕丝
图 4 　印度传统服饰，琥珀蚕丝纱丽

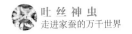

乌桕蚕

乌桕蚕，学名*Attacus atlas*，是鳞翅目大蚕蛾科蛇头蛾属昆虫，又名大山蚕、大乌桕蚕等。幼虫食性较广，主要食用珊瑚树叶、乌桕树叶等。它羽化成蛾后外形极为漂亮，有"蛾王"的美称。它双翅打开可长达25～30cm，是世界上最大的蛾类昆虫。它的茧也特别大，比桑蚕茧重3～4倍，堪称茧中冠军。

$\frac{1}{2}$ 3

图1　乌桕蚕幼虫

图2　乌桕蛾

图3　乌桕蚕茧

天蚕

天蚕，学名*Antheraea yamamai*，是鳞翅目大蚕蛾科柞蚕属昆虫，又名日本柞蚕。天蚕原产于我国东北长白山海拔500m以上的深山老林中，主要以柞属植物为食。日本人曾花费大量精力研究天蚕，为什么呢？因为天蚕丝是丝中之王，它不需要染色就能呈现极为漂亮的水绿色，并泛出独特的光泽。由于天蚕对生存环境要求极高，天蚕丝愈发珍稀名贵，享有"赛过黄金的绿色软宝石"美称，在日本天蚕丝的价格是桑蚕丝的500多倍！

1 | 2　图 1　天蚕幼虫
3　　图 2　天蚕茧
　　　图 3　天蚕蛾

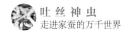
✒ 栗蚕

栗蚕，学名*Dictyoploca japonica*，是鳞翅目大蚕蛾科胡桃大蚕蛾属昆虫，又名银杏大蚕蛾、灯笼蚕等，因其幼虫身体表面披白毛，在日本称"白毛太郎"。主要以核桃叶、板栗叶为食，广泛分布于日本、我国东北和中南等地区。其茧丝呈褐色，茧层为镂空网状，酷似灯笼壳。取丝时需先把茧放在8%～10%的碱性溶液中煮2～3小时以除去胶质，然后用清水除碱，待茧层松解后可进行绢纺。栗蚕丝是价格昂贵的天然纤维，具有独特的荧光闪烁性，被用于制作多种防伪标志和高档服饰。

1	2
3	4
	5

图 1　栗蚕幼虫
图 2　栗蚕蛹
图 3　栗蚕茧
图 4　栗蚕雌蛾
图 5　栗蚕雄蛾

∥∥ 蚕的大家族关系图

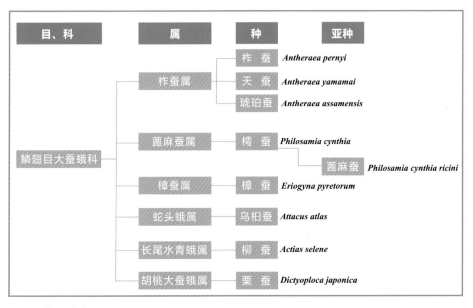

蚕的大家族关系

前文介绍的各种蚕都是鳞翅目下蚕蛾科或大蚕蛾科的，也是当前人类主要利用的吐丝经济昆虫。不过除了它们，鳞翅目下的其他蛾也会通过吐丝结茧来完成从幼虫到成虫的发育过程。此外，还有很多非鳞翅目的昆虫也会吐丝，只不过很少被人类利用。

目前研究发现，十多个目的昆虫中存在可以泌丝的种类，如石蛃目、缨尾目、襀翅目、蜉蝣目、纺足目、啮虫目、广翅目、蛇蛉目、直翅目、螳螂目、半翅目、缨翅目、脉翅目、鞘翅目、蚤目、双翅目、毛翅目、鳞翅目和膜翅目。其中，以鳞翅目、纺足目、毛翅目的吐丝昆虫种类所占比例最大，并且毛翅目和鳞翅目的昆虫只在幼虫期吐丝，而纺足目昆虫则幼虫期与成虫期都存在丝腺。

〆 蓑蛾

如今有更多新的吐丝昆虫正在被人类开发利用，蓑蛾就是很好的例子。

蓑蛾是鳞翅目蓑蛾科（Psychidae）昆虫，它最大的特点就是会在幼虫阶段吐丝搭建一个像小木屋一样的蓑囊，之后便终生背着这个囊生活。研究发现，相比于蜘蛛丝，蓑蛾丝在弹性、强度、韧性、耐热性等方面都更加优越，其中强度是蜘蛛丝的 1.8 倍，将蓑蛾丝和树脂结合后可大幅改善树脂强度。

生活在蓑囊中的蓑蛾幼虫

蓑蛾雄性成虫

生命绽放
篇

/// 足丝蚁

足丝蚁，听其名便知道它们善于吐丝。足丝蚁是纺足目（Embioptera）昆虫。纺足目包括约 150 种昆虫，并不仅仅是蚂蚁。

不同于桑蚕从嘴中吐丝，足丝蚁的吐丝部位在足部，它们的前足第 1 跗节膨大，特化成丝腺。成虫和若虫都会吐丝，常常在树皮裂缝、石头之间以及苔藓和地衣之间吐丝结网，形成丝质坑道。生活在这样隐秘的坑道中，不仅可以防止体内水分散失，还能很好地保护自己。

足丝蚁如何
吐丝

左图　雌性足丝蚁
右图　雄性足丝蚁

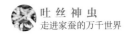

非鳞翅目泌丝昆虫比较

除了上文描述的两种非蚕类吐丝昆虫外，还有更多昆虫出于不同目的进化出泌丝的功能。

非鳞翅目泌丝昆虫比较

纲	目	科	昆虫	产丝的目的
昆虫纲	膜翅目	蜜蜂科	蜜蜂	加固蜂房并在其中化蛹
			大黄蜂	在蜂房内用丝造茧，化蛹后茧被用来储存花粉和蜂蜜
		蚁科	公牛蚁	用丝织茧以便在化蛹时保护自己
			织工蚁	用吐出的丝将新鲜植物的叶子捆扎在一起，形成一个庞大的巢穴
			黄猄蚁	
	纺足目	等尾丝蚁科	足丝蚁	建成保护性处所并在生殖过程中发挥作用
	同翅目	盾蚧科	介壳虫	分泌的蜡丝形成介壳，同时保护产下的卵
	脉翅目	草蛉科	草铃	作为虫体的保护或支撑结构
	毛翅目	等翅石蛾科	各科的多数石蛾	作为固定的隐蔽场所并方便幼虫捕食猎物
		纹石蛾科		
		多锯石蛾科		
		管石蛾科		
		小石蛾科		

昆虫为何要吐丝呢？总的来说，昆虫吐丝的目的有以下几种：①保持体位，如鳞翅目凤蝶科和粉蝶科昆虫，在化蛹时要用绢丝将自己的身体捆绑在其他物体上；②移动，如鳞翅目特别是蛾类幼虫，能用丝吊住自己的身体，让身体一面下垂，一面围绕丝绳移动；③保护，昆虫最无防御能力的时期是结茧化蛹到羽化为成虫这一段时间，如蚕在这个时期用大约两昼夜营造厚厚的茧，将自己的身体与外界隔断，以保护蛹体顺利变态发育成为蛾。从昆虫生理上讲，昆虫幼虫摄取了大量的食物，丝腺内储存了大量的蛋白质，这些

生命绽放 篇

蛋白质分子在后期会分解成氨基酸，但过多的氨基酸会造成昆虫中毒。有人做过这样的实验，将家蚕丝腺用蜡封住，让蚕不能吐丝，结果发现蚕会中毒死亡，这就如同人类蛋白质中毒综合征。

 小知识

蜘蛛也会吐丝，但是蜘蛛不是昆虫！

人们普遍误认为蜘蛛是一种昆虫，但其实它们和蝎子、蜈蚣一样，并不属于昆虫。因为昆虫的基本特征是身体分为头、胸、腹三段，并具有 1 对触角、2 对翅膀与 6 只足。而蜘蛛并没有这样的特征，蜘蛛属于节肢动物门（Arthropoda）蛛形纲（Arachnida）蜘蛛目（Araneae）。蛛形纲的动物还包括蝎子、蜱和螨等，它们没有触角、翅膀及复眼。它们的身体分为头胸部和腹部两个部分。它们的头胸部上有 6 对附肢：第一对是螯肢，第二对是须肢，其他四对是步行足。

黑寡妇蜘蛛

第四章

蚕的一生

诗里说：春蚕到死丝方尽

可春蚕作茧，是为化蛾重生，并非赴死

换一种姿态，去面对这个世界

生命，会自己延续精彩

❶ 家蚕生命周期

家蚕属于完全变态昆虫，在一个世代中要经过卵、幼虫（蚕）、蛹和成虫（蛾）四个形态和功能上完全不同的发育阶段。

6分钟看完蚕的一生

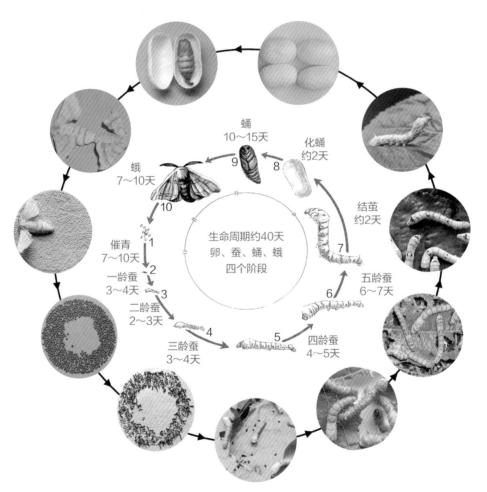

蛹
10～15天

化蛹
约2天

蛾
7～10天

结茧
约2天

催青
7～10天

生命周期约40天
卵、蚕、蛹、蛾
四个阶段

五龄蚕
6～7天

一龄蚕
3～4天

二龄蚕
2～3天

四龄蚕
4～5天

三龄蚕
3～4天

家蚕生命周期

家蚕以卵繁殖，它往后万千精彩的故事都源于这一颗不足芝麻粒大小的蚕卵。

蚕卵形似芝麻，一般呈椭圆形，略扁平，长 1.1～1.5mm，宽 0.9～1.2mm，厚 0.5～0.6mm，一端稍钝，另一端稍尖。一只雌蛾可产 400～600 粒蚕卵，每 1g 卵有 1800～2100 粒。

蚕卵外层包裹着一层坚硬的卵壳，虽然蚕卵外表看上去很光滑，但在扫描电子显微镜下可以看到卵壳的表面布满了网状的花纹。卵的尖端有卵孔（也叫受精孔），周围的卵纹看上去呈花瓣状。

蚕卵有越年卵（滞育卵）和不越年卵（非滞育卵）之分。不越年卵产下后，胚胎不停向前发育，经十多天便形成幼虫而孵化。而越年卵产下后，经 1 周左右（即胚胎发育到一定程度后），便进入一个发育停滞的"滞育期"，即像有些动物进入休眠状态一样。这样的蚕卵只有经历冬季低温后才能解除滞育，到翌年春暖时再孵化。如此看来，蚕宝宝还是很聪明的，也知道大多数地区冬季没有桑叶吃，躲在卵壳里比较安全。当然这都是生物适应环境而进化的结果。

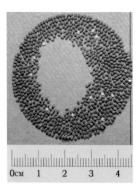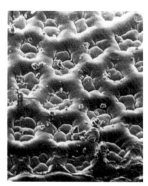

左图　蚕卵形态及大小
中图　扫描电子显微镜下的蚕卵受精孔及菊花纹
右图　蚕卵表面网状花纹

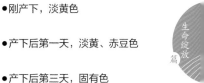

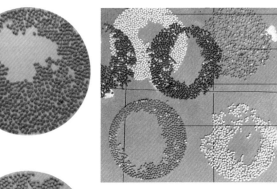

● 刚产下，淡黄色

● 产下后第一天，淡黄、赤豆色

● 产下后第三天，固有色

● 产下后第二天，赤豆色

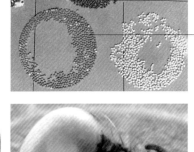

1	3
2	4

图 1　中国系统灰绿色蚕卵

图 2　日本系统灰紫色蚕卵

图 3　滞育卵从刚产下到固有色的变化

图 4　蚁蚕从卵壳内爬出，卵壳呈半透明白色

　　刚产下的蚕卵呈淡黄或鲜黄色，其中滞育卵在 20 小时后慢慢开始变色，由淡黄色慢慢变深，2 天后呈赤豆色，3 天后呈品种卵的固有色，此时一般中国系统为灰绿色，日本系统为灰紫色。蚕卵的固有色称为"卵色"，卵色主要是胚胎、卵黄和浆膜色素透过卵壳所呈现的颜色，而卵壳一般是透明白色或淡黄色的。受精卵中的胚胎在发育过程中不断摄取营养，逐渐发育成蚁蚕，它从卵壳中爬出来，卵壳空了之后变成半透明白色。

　　对于非滞育卵，由于浆膜细胞内缺乏生成浆膜色素的酶系而不能形成浆膜色素，卵产下后 2～7 天不变色。当胚胎发育至转青时，卵色才会有变化，即呈现出转青卵的青灰色，这样的品种一般是无滞育的多化性品种。无滞育的多化性品种大多来自东南亚热带地区，因为那些地区四季气温均较高，桑

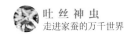
树生长良好，蚕终年都有充足的食料，所以才形成具有当地特色的多化性品种。

当然，从生理角度来看，蚕卵是否滞育主要取决于蛹期时雌蛹的咽下神经节能否分泌滞育激素。经过长期的研究，现在蚕卵的发育进程已经完全能够人工控制。在实际应用中，通过化学处理和冷藏技术相结合，可以让蚕卵在任何需要的时候孵化。有一种技术叫"即时浸酸法"，即在产卵后把本来要进入滞育状态的蚕卵保护在25℃下20小时左右，并在比重为1.075、温度为46℃的盐酸中浸泡4～7分钟（中国系统5分钟，热带系统3～4分钟，日本系统5.5分钟，欧洲系统6～7分钟），然后在清水中洗去盐酸，室温晾干表面的水分，蚕卵就会不进入滞育状态而继续发育至孵化。还有一种技术叫"冷藏浸酸法"，即将蚕卵在温度25℃左右下保护48小时至看上去为浅赤豆色，然后放到5℃中冷藏4～12周，按照所需要孵化的时间取出，在比重为1.100、温度为47℃的盐酸中浸泡4～6分钟，然后在流动的水中充分洗去盐酸，在室温下晾干表面的水分，蚕卵就可以发育至孵化。

蚕卵孵化出蚕宝宝的过程，叫作"催青"，这是由于蚕卵在孵化前一日卵色变青。该过程也叫暖种，是把已经解除滞育的蚕卵保护在合理的环境条件下，促使其胚胎顺利地发育，直至在预定的日期孵化。当然解除滞育的蚕卵在自然条件下也能发育孵化，但自然条件下温湿度变化无常，会导致蚁蚕孵化不齐、孵化率低、蚕体虚弱，蚕茧产量低、质量差以及难以控制在适当时期统一整齐地饲养等问题。通过催青，可以使蚁蚕在预定日期孵化并且孵化率高、孵化整齐、蚕体强健。催青是养蚕过程的重要起点，是蚕茧优质高产的重要基础。

蚕卵孵化

生命绽放
篇

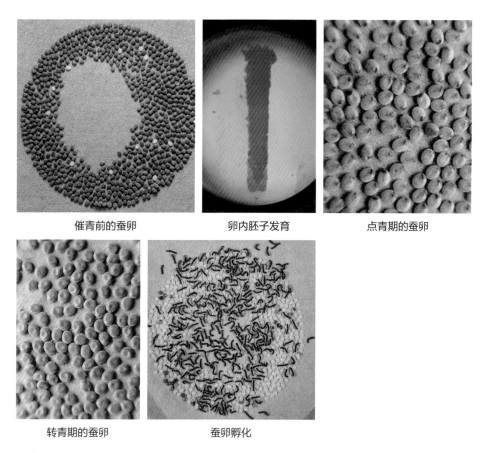

催青前的蚕卵　　　　卵内胚子发育　　　　点青期的蚕卵

转青期的蚕卵　　　　蚕卵孵化

蚕卵的孵化过程

蚕宝宝刚从卵中孵化出来时，身体是黑褐色的，极细小，且长满了细长的刚毛，样子很像蚂蚁，所以叫作"蚁蚕"，因而第一次收集孵化的幼虫并喂食就叫作"收蚁"。幼虫是蚕生命周期中唯一取食的阶段，随后的蛹、蛾阶段都不再吃任何东西，因此幼虫阶段需要积累吐丝、产卵所需要的所有营养。

刚刚孵化的蚁蚕

人们把蚕宝宝尊称为"天虫"，那么这条小小的虫子到底有什么神奇的地方呢？下面让我们一起来看看蚕宝宝的神奇之处。

超常的生长速度

刚刚孵化的蚁蚕长约 2mm，体宽约 0.5mm。它从卵壳中爬出来后，经过 2～3 小时就能进食桑叶。蚁蚕通过摄食桑叶而快速长大，体色由黑褐色逐渐变淡而呈青白色。从刚孵化出来的蚁蚕到长成能吐丝结茧的熟蚕只需要 22～28 天，这期间它们的身体会长大 10000 倍，换算成人类而言，相当于一个婴儿在一个月内长到和埃菲尔铁塔一样大！

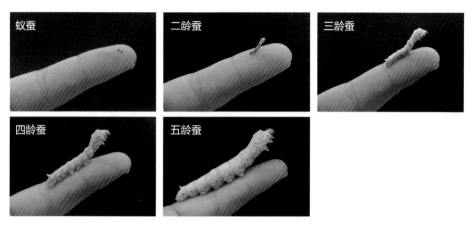

不同生长阶段蚕宝宝与手指的大小比较

眠、蜕皮、龄

蚕宝宝的身体在短短的一个月内要长大近万倍,其皮肤显然没有这么大的扩张能力来包容身体,怎么办? 蜕皮! 收蚁后,蚕宝宝就开始进食桑叶、迅速成长,体色开始逐渐变淡,在27℃左右的环境中饲养经过两天半左右(这是比较合适一龄蚕的温度,温度高一些生长会更快一点,但超过30℃会影响健康,温度越低生长时间越长),它的食欲逐渐减退乃至完全禁食。这时它会吐出少量的丝(俗称绊脚丝),将腹足固定在蚕座上,头胸部昂起,不再运动,好像睡着了一样,这种状态称作"眠"。此时的蚕则为眠蚕。眠蚕外表看似静止不动,体内却进行着剧烈的生化反应以做好蜕皮的准备。这样昂首挺胸静止半天左右,就从头部开始蜕皮。蜕皮之后,蚕的生长就进入到一个新的龄期。四眠蚕品种从蚁蚕到吐丝结茧共眠4次。每次眠的过程及眠蚕的状态基本一致,只是眠蚕的大小有所不同。眠的时间称为眠中。在正常饲育条件下,眠中以第4次眠最长,约2天;以第2次眠最短,只需20小时左右;第1、3次眠各需1天左右。

眠性是蚕的另一个重要的生物学特征,既是蚕的遗传性状,又受温度、光照、营养等环境因素的影响。目前,我国生产中所用的蚕多为四眠蚕品

1	2
3	4

图 1　四龄蚕眠期
图 2　四龄蚕蜕皮
图 3　五龄蚕进食
图 4　五龄蚕排便

四龄蚕眠　　　　蚕蜕皮

蚕进食　　　　蚕排便

种，但也有三眠和五眠的蚕品种。眠数越多的品种蚕幼虫期越长，食桑量较多，蚕茧较大，丝量较多，丝纤度较粗，反之则相反。前文提到的著名文物"素纱单衣"仅重49g，现代多次仿制均超出该重量，据考证就是因为西汉时期饲养的是三眠蚕，其蚕丝更加纤细。

　　蚕的年龄又称"龄期"，能反映蚕宝宝所处的发育阶段。从蚁蚕到第1次眠为一龄；第1次蜕皮后进入二龄；第2次蜕皮后进入三龄；第3次蜕皮后进入四龄；第4次蜕皮又称大眠，大眠后就进入五龄。五龄的蚕宝宝长得极快，体长可达6～7cm，体重可达蚁蚕重量的1万倍左右。通常一至三龄的蚕称为小蚕，四至五龄的蚕称为大蚕。

生命绽放篇

养蚕

在劳动人民的实践中涌现出了形形色色的养蚕模式。传统的饲养方式一般用三脚架竹制大圆匾，条件比较差的地方也可以养在大棚内的地面，喂养整条的桑叶。蚕种场一般用多层次蚕架、椭圆形蚕匾饲养。目前也有成熟省力的半机械化养蚕模式：小蚕用可层叠的塑料筐或智能化小蚕饲育机饲养；大蚕用电动喂桑叶台或电动升降蚕台饲喂整条桑叶。

1	2
3	4
5	

图 1　三脚架竹制大圆匾
图 2　大棚条桑育
图 3　多层次蚕架、椭圆形蚕匾饲养
图 4　可层叠的塑料筐饲养
图 5　电动喂桑叶台

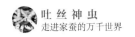

 小技巧

养蚕小技巧

要得到健康硕壮、吐丝多、化蛹好的熟蚕，在幼虫期合理饲养管理是关键。在生产中大批量的养蚕有饲养环境、设施配备等技术要求，而我们自己养蚕则主要需注意以下事项。

- **选用合适的桑叶**

不同发育阶段的蚕对桑叶的要求不同，小蚕需要较嫩的桑叶，大蚕需要成熟的桑叶。饲喂小蚕（特别是收蚁时和一龄蚕）的桑叶如果嫩度不合适会直接阻碍蚕的生长，大蚕期用很嫩的桑叶饲养则会导致蚕营养不良、体质差甚至生病等。具体要求是：收蚁时桑叶用芽梢顶端由上而下的第2、3片叶，叶色绿中带黄；一龄蚕喂食芽梢顶端由上而下的第3、4片叶，叶色嫩绿；二龄蚕喂食桑树上从顶芽往下数第4、5片叶，叶色浓绿；三龄蚕喂食桑树上从顶芽往下数第5、6片叶及以下的成熟叶，叶色浓绿，富有光泽；四龄和五龄蚕为大蚕期，成熟的桑叶都可以喂食。

- **选用干净新鲜的桑叶**

桑叶上不能有灰尘，否则容易导致蚕生病，必要时可以用潮湿的餐巾纸或纱布轻轻擦去叶面的灰尘。桑叶上不能有看得见的水珠，如果桑叶很湿，可以用餐巾纸或毛巾轻轻擦干。网上买的桑叶需要经过挑选，干瘪或发黏的桑叶不能用，多余的桑叶用保鲜袋装好后放冰箱，可以用约一个星期。

- **舒适的饲养环境**

蚕宝宝的生长时期不同，需要的环境也有差异，有个谚语："小蚕靠温养，大蚕靠风养"，简单来说就是小蚕需要温暖的环境，大蚕需要通风透气的环境。最佳的饲养温度是一龄27℃，二龄26℃，三龄以后25℃。一般一龄和二龄维持在26~28℃，三龄以后维持在24~26℃，都比较合理。注意防止出现20℃以下的低温和30℃以上的高温。对于用于饲养的盒子，小蚕时可以盖紧，保持桑叶新鲜，大蚕时打开盖子，通风透气，并及时清除蚕沙，保持蚕座清洁干净。

- **预防中毒和蚕病**

由于家蚕长期在室内饲养，对农药特别敏感，微量的农药就可以引起中毒，可作为环境污染的指示生物。特别是目前绿化防虫或给农作物喷洒农药都会使用飞防，农药很容易飘落到附近的桑叶上，食用这种桑叶的蚕宝宝会发生急性中毒，出现吐水、身体蜷曲等症状，随即很快死亡。即使农药喷洒后过了一段时间，食用这种桑叶也会引起蚕的龄期延长，甚至不会吐丝做茧。因此在使用一批新的桑叶，特别是从路边采来的桑叶时，应先给一条蚕试吃一下，到下一顿饲喂时没有问题就可以放心地使用。在饲养过程中，如果环境不干净、饲养方法不当，蚕宝宝也会生很多种病。为避免蚕病的发生，可以用 75% 酒精喷洒周围环境以消毒。若发现蚕宝宝不太健康，可以直接在蚕座上撒一层石灰粉，然后马上喂桑叶，好让蚕爬到桑叶上，蚕吃一点石灰也没有问题。

✐ 蚕的一身

家蚕幼虫呈长圆筒形，由头部和体部组成。头部极小，往往被人误以为是它的嘴；体部表面围以体壁，由 13 个环节组成，又可分为胸部和腹部。胸部紧接头部，由前中后 3 个胸节组成；腹部由 10 个腹节组成。

幼虫头部呈半球形，外包着一层骨质的壳片，呈暗褐色，全面密生刚毛。从头部背面看，有被称为头盖缝的"人"字形沟缝，把头壳划分成 3 块，左右两块半球状的大形壳片称为颅侧板，两颅侧板间的三角形壳片称为额。额的底边狭长而表面有皱纹的部分称为唇基。在颅侧板的侧面下方各有 6 个隆起呈半球形的单眼，是蚕的感光器官。单眼的前方有左右成对触角，触角由 3 个褐色骨质化的小节组成，可以伸缩转动，是蚕重要的感觉器官。头部下方有口器和吐丝管，口器用来吃桑叶，内含蚕的味觉器官；吐丝管用以吐出蚕丝。

蚕体侧面有椭圆形黑褐色的气门，共 9 对，分别位于第 1 胸节和第 1～8 腹节，是幼虫的呼吸器官。

胸部各环节腹面都有一对胸足，由三节组成，呈圆锥形，末端有黑褐色大型钩爪。胸足的主要作用是食桑和结茧，爬行时只起到辅助作用。腹部第

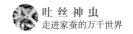
6～9环节及第13环节各有一对腹足，是柔软无环节构造的肉质突起，先端呈圆盘状，内缘密生大小两种钩爪，用以抓住物体。蚕的爬行主要依靠腹足。现在你可以理解为什么蚕可以很快地从光溜的墙面上爬上去了吧。

蚕的尾端第11环节背面还有一个突起，称为尾角，这是给蚕抽血的最佳位置。

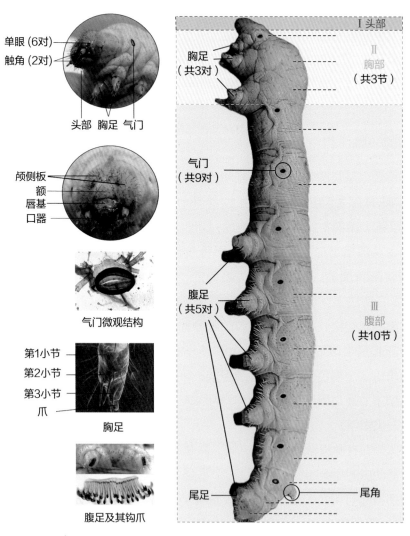

家蚕幼虫身体结构及各部位细节

蚕的解剖结构

家蚕幼虫的身体包被具有支持作用的体壁，形成里面的体腔。家蚕的循环系统是开放式循环系统，所有内部器官和组织都直接浸浴在血液中，所以体腔又称血腔。家蚕血液一般为无色或淡黄色。

剖开蚕体，可见1个呈长圆筒形的大型器官从头部到尾部纵贯体腔的中央，这就是消化管，起到消化食物、吸收养分和排粪等作用。在消化管的后方两侧，各有3条细管沿消化管壁向前延伸，到消化管的中部折回，在后方形成许多屈曲，最后进入直肠壁，这是蚕的排泄器官，称为马氏管。消化管的腹侧方有1对透明屈曲纵走的腺体，是丝腺。丝腺在小蚕期很细小，到五龄期显著增大。消化管下面沿腹中线靠近体壁纵走的1条有节的索，是蚕的神经系统，索上的节称为神经节，从各神经节分出神经，分布到体内各器官、组织。在消化管两侧各有1条沿体壁纵走的黑色细管，以及由此分出的许多分支，分布于体内各部分，总称气管系统，专营呼吸作用。在体壁背中线的下面，从头部到第12环节纵走的1条由薄膜构成的管状器官，称为背血管，背血管能搏动，以促使血液循环。在第8环节的背血管两侧有1对白色的生殖腺，雄蚕的称为睾丸，雌蚕的称为卵巢。体壁内面有多种肌肉，主要作用是进行运动和固定其他组织器官。除以上外，在体腔中各器官间分布着的白色片状物，是脂肪体。

蚕背血管搏动

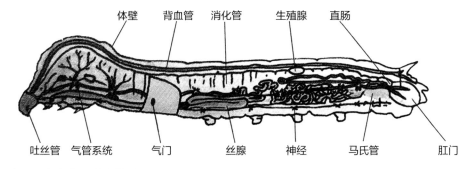

家蚕幼虫内部主要结构图

④ 吐丝结茧

　　蚕宝宝眠过四次后，吃够了桑叶，体内积累了足够的营养，食欲减退，食桑量下降；到了五龄末期，便会停止取食，排光体内所有的废物，变得晶莹剔透，我们称之为"熟蚕"。在该过程中，蚕排出的粪便由硬变软，由墨绿色变成叶绿色；前部消化管空虚，胸部呈透明状，体躯缩短，腹部也趋向透明；蚕体头胸部昂起，口吐丝缕，左右上下摆动寻找营茧场所。

左图　左边为熟蚕，右边为五龄蚕前期
右图　阳光下的熟蚕

// 蚕丝生产车间——丝腺

　　吐丝结茧是家蚕的本能之一，而家蚕丝腺是唯一能生产茧丝的器官，是整个蚕桑业的生物学基础，从这个角度我们可以说，数千年的丝绸文明史，实际上就是一部改造和利用家蚕丝腺的历史。

　　家蚕的丝腺是一对多屈曲的大型管状器官，位于消化管的腹面两侧。从形态和功能上，丝腺可分为吐丝部、前部丝腺、中部丝腺和后部丝腺四个部分。

　　所谓蚕吐丝，就是丝腺分泌的液状丝蛋白变成具有一定形态特征的固态茧丝纤维，这是一个复杂的生理和理化过程。近年来的研究认为，液状丝蛋

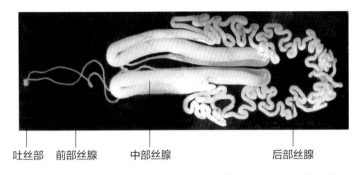

吐丝部　前部丝腺　　中部丝腺　　　　　后部丝腺

家蚕丝腺结构（图示为福尔马林固定后结果，自然状态下为半透明状）

白凝固纤维化的本质，是在剪切应力和吐丝的机械牵引力作用下，液状丝蛋白由 α 构型向 β 构型转变的过程。不过关于其具体细节，目前仍未研究清楚，还存在多种学说。

在人们眼中，蚕丝是被"吐"出来的，可吐丝口附近根本就没有可收缩的"肌肉"来驱动，事实上，蚕丝是被"拉"出来的（所有其他的吐丝动物也一样）。当蚕将裹在丝纤维外层的丝胶蛋白分泌到体外时，丝胶蛋白在未完全干燥前仍有足够的黏性，可以黏附在合适的固体表面。然后蚕通过头部来回摆动，将一端已被固定的蚕丝纤维以 1～2cm/s 的速度从体内拉出。（为了阅读方便，后文仍然描述为吐丝）

由于蚕吐丝时躯体上翘，头部是以"8"字形的方式进行运动的，因此每隔几秒就形成一个牢固的黏附点，同时蚕丝纤维随头部的摆动被不断拉出。蚕将吐出来的丝排成整齐的"8"字形丝圈，每织一个茧片便挪动一下身体，继续吐丝织茧片，织好一头后再织另一头，因此蚕茧的形状总是两头粗中间细。蚕每结一个茧需变换 250～500 次位置，编织出 6 万多个"8"字形的丝圈，长度为 1～2km。就这样，蚕宝宝以"作茧自缚"的形式完成了其生命周期中的一个重要环节。

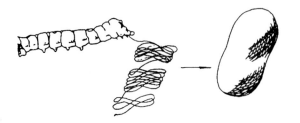

蚕 "8" 字形吐丝

蚕 "8" 字形吐丝结茧示意

🐚 **小知识**

蚕宝宝为什么要把自己包裹起来"作茧自缚"呢?

　　我们常用"作茧自缚"来比喻自己束缚自己或使自己陷入困境,但是蚕宝宝进化出吐丝结茧的本能肯定不是为了束缚自己,又是为什么呢?这主要有两方面的原因。一方面,因为蚕在蛹阶段生命最脆弱,它停止取食,丧失行动能力,而蚕蛹的营养价值很高,又很容易受到天敌的伤害,于是蚕吐丝结茧,将自身包围在致密的茧壳当中,这样就可以保护自己在变态时期免受伤害;另一方面,蚕宝宝在幼虫阶段进食了大量桑叶,体内积聚了大量过剩氨基酸,它需要通过吐丝的方式来排除这些氨基酸,防止自己氨中毒。

 上蔟

　　蚕吐丝结茧需要有支撑点,所以一般会爬到蚕匾的边缘、墙角处或用于饲养的小盒子的边角处结茧。生产中在满足蚕结茧的天然需求外,还会考虑蚕茧质量而设计专业的设备,这样的设备称为"蔟具"。人们将熟蚕收集、移放到蔟具上,让其吐丝结茧的作业过程称为"上蔟"。在养蚕实践中,传统的蔟具可以是一把简单的稻草(即著名的湖州把),也可以是很有艺术性的草龙,或者是折叠的塑料网。目前,最佳的蔟具是为蚕宝宝提供单间的方格蔟。

生命绽放 篇

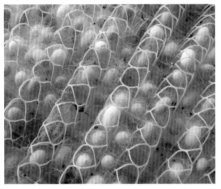

1	2
3	4

图 1　湖州把

图 2　蜈蚣蔟

图 3　塑料折蔟

图 4　方格蔟

✂ 结茧

家蚕的结茧过程分为以下四个阶段。

蚕结茧

◎ 结制茧网

熟蚕上蔟后，在蔟上爬行，排完最后一粒粪后才开始结茧。熟蚕时常摆动前半身向左右前后探索，找到合适的结茧场所后，便吐丝附着蔟上，形成一个茧的支架，然后排空消化管的内容物，并在支架上继续吐丝，形成茧网。这是结茧的准备时期，茧网还没有形成蚕茧的轮廓，只是松软凌乱的茧丝层。

◎ **结制茧衣**

茧网形成后，幼虫用腹足抓住彼此拉紧的蔟支，来回不规则地爬动，并在茧网的内面吐出凌乱、疏松的丝圈，加厚茧网，随后吐丝的动作改为"S"形，以至形成一层松乱的茧衣。随着茧衣的完成，蚕茧的轮廓开始出现。虽然茧衣已形成了茧形，但茧丝仍很凌乱，且厚薄不均，丝胶含量也比较多。

◎ **结制茧层**

茧衣形成后，在茧衣的内部空间（茧腔）周围，继续吐丝，此时丝圈由"S"形改成"8"字形。这时蚕体前后两端向背部仰曲，呈"C"形，以腹足固定在茧腔内壁，头部继续左右摆动吐丝。每个"8"字形丝圈长轴为1～2mm，每15～25个"8"字形丝圈为一组，称为一个茧片。每一个茧片完成后，转移位置制作第二个茧片，如此逐渐形成茧层。

◎ **结制蛹衬**

由于大量吐丝以及能源物质的消耗，蚕体显著缩小，头部摆动减慢，幅度缩小，而且失去节奏性，在茧的最内层吐成一薄层蛹衬。最后幼虫头向茧的上端，尾部向下，吐出最后留存在体内的丝物质，形成一团松软的茧顶，这就完成了吐丝结茧的过程。接下来便是等待化蛹。

〰 化蛹

熟蚕上蔟结茧后3～4天，就会蜕皮化蛹。蚕蛹的体形像一个纺锤，分头、胸、腹三部分。头部很小，长有复眼和触角；胸部长有胸足和翅；腹部长有体节，呈咖啡色。

蚕化蛹

蚕刚刚化蛹时蛹体为乳白色，蛹皮非常嫩软，此时不能碰触，否则其很容易受伤出血而死亡。渐渐地，蛹体就会变成黄色、黄褐色或棕褐色，蛹皮也硬起来。熟蚕吐丝结茧后，从化蛹至化蛾需要13～18天（因品种而异）。在化蛾前，蛹体又开始变软，蛹皮有点起皱并呈土褐色。当触角变成深色时，第二天它就要变成蛾了。

左图　刚刚化蛹和化蛹第二天，蛹体乳白色，然后逐渐变棕褐色
中图　化蛹5天后，蛹体颜色变深，但复眼还没有着色（蛹较大的为雌，较小的为雄）
右图　化蛹8天左右，蛹体颜色更深，可以清楚地看到黑色的复眼

 小知识

如何辨别家蚕的雌雄？

　　蛹是蚕各个阶段中最容易区分雌雄的阶段，且蚕蛹不会爬动，方便操作。因此，在生产中制备杂交蚕种时，需要在蛹期进行雌雄鉴别，实现不同品种间的交配，以充分发挥杂交优势，生产高产优质的蚕茧。雌蛹个体一般比雄蛹大，其腹部粗大，尾端钝圆，在第8腹节的腹面中央有一条纵线，与该环节的腹面前后两缘形成类似"X"形的线缝；雄蛹腹部较细，尾端也较雌蛹细，在第9腹节中央有一个褐色小点。

雌蛹（左）与雄蛹（右）的比较

⑤ 破茧化蛾

　　蚕茧是蚕蛹非常牢固的保护所，那么蚕蛹在里面化蛾后怎么出来呢？是用嘴巴咬个洞钻出来吗？在生产中，我们会把蚕茧用刀削开一个口子将蚕蛹取出来等待化蛾。而在自然状态下，蛹化蛾后会吐出含有溶茧酶的棕色液体，把蚕茧的一端软化，蚕蛾就从这里慢慢地钻出来。因此这样的蚕茧看上去虽然也有一个洞，却不像削口茧那样蚕丝是割断了的，这种蚕茧的蚕丝是没有断的，只是蚕丝的外层丝胶溶解了。

蚕蛾破茧而出

　　蚕蛾的头部呈卵圆形，密生鳞毛，两侧有大型的复眼和触角，下方是退化的口器，蚕在蛾阶段不再取食。复眼呈椭圆半球形，每只复眼由3000多个六角形的小眼（也叫单眼）整齐排列而成，触角以雄蛾的较大。胸部长有3对胸足及2对翅，但由于2对翅较小，已失去飞行能力；腹部已无腹足，末端体节演化为外生殖器。

　　雌蛾的腹部有7个环节，显著比雄蛾大，末端为雌外生殖器，有诱惑腺，能分泌引诱雄蛾的性信息素。雄蛾的腹部有8个环节，末端为雄外生殖器，头部巨大的触角能接受雌蛾的性信息素而很快找到雌蛾交配。雌蛾体大，爬动慢；雄蛾体小，爬动较快，羽化后不久就开始飞快地振动翅膀，寻找着配偶。一般交尾2小时就足以使雌蛾所产的卵全部受精，但交配时间长一点能使雌蛾产卵速度加快，一般交配4小时较为合理。到时间了，就可以用手轻轻地把雌、雄蛾拉开，然后把雌蛾放到产卵的纸上，其会很快开始产卵。未交配的雌蛾到第2天也会产少部分卵，但因为没有受精，不会发育转色，慢慢地营养消耗完了就干瘪死亡。一般蚕品种雄性发育较快，所以雄蛾出得较早，也会多一些，这时候也可以把雄蛾放到4℃冰箱里待第2天使

生命绽放 篇

左图　蛾的头部，黑色复眼，羽状触角
中图　雌、雄蛾在交配，雌蛾的腹部显著比雄蛾大
右图　交配后的雌蛾开始产卵

用。如果雌蛾先出，也可以放到4℃冰箱里，但这会影响交配性能和蚕卵的数量及质量。一般一只雌蛾可产下400～600个蚕卵。

受精后雌蛾产卵

　　蛾产卵，卵孵蚕，蚕变蛹，蛹化蛾，又将完成新一代的循环，只留下蚕丝在人间，这就是蚕的生活史。李商隐的诗里说，"春蚕到死丝方尽"，看完了蚕的一生，现在大家应该明白蚕在吐丝后并没有死亡，而是化蛹后以另一种形态出现了。

蚕的性别决定及限性遗传

　　多数生物的性别是由专门的性染色体控制的，如人的性别是由X、Y染色体控制的，女性为XX，男性为XY，Y染色体是男性决定染色体。而蚕的性别是由Z、W染色体控制的，雌蚕为ZW，雄蚕为ZZ，也就是说，雌性是由W染色体决定的，这跟人类是相反的。然而蚕在卵期和幼虫期时难以辨认雌雄，只有到蛹和蛾的阶段才可以很容易地区分。在蚕茧生产中，为了提高产量和质量，用的蚕种都是杂交蚕种，因此在蚕种制造时，需要把雌雄分开，进行计划交配，但可供雌雄鉴别的时间很短，需要大量视力很好的专业劳动者。那么怎样才可以让普通人也一眼看出家蚕的雌雄，或者让机器来完成雌雄鉴别呢？

虽然W染色体起性别决定作用，但其上没有性状控制基因。然而通过X-射线诱变等技术，科研人员可以把某些可视性状的基因易位到W染色体上，这样就可以使雌蚕拥有不同于雄蚕的可视性状，从而就能在卵和幼虫阶段轻易区分雌雄以便于生产。例如，把卵的黑色突变基因转到W染色体上，这样的品种产出的黑色卵为雌，白色卵为雄；把控制幼虫普斑的基因转到W染色体上，则普斑蚕为雌，素蚕为雄；把控制幼虫褐圆斑的基因转到W染色体上后，褐圆斑蚕为雌，素蚕为雄；把控制黄色茧的基因转到W染色体上后，黄茧为雌，白茧为雄。

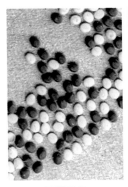
限性黑卵

限性普斑

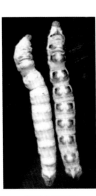
限性褐圆斑

限性黄茧

各种限性家蚕遗传资源

雄蚕专养

一般自然状况下，与人类一样，一只雌蛾产的数百粒蚕卵雌雄比例应该是基本平衡的，也就是在1∶1左右。雌蚕为了繁衍后代，要将一部分营养物质用于造卵，为此需要储备更多的营养和能量，而用于造丝的营养比例也就相对减少。相对而言，雄蚕吃的桑叶要少一些，体质较强健易饲养，消耗同等桑叶所产的蚕丝多一些，也就是饲料转化效率更高，且所吐的丝更均匀、质量更好，能满足高档丝绸的品质需求。因此，长期以来人类一直有在蚕茧生产中专门饲养雄蚕的梦想。随着科学技术的进步，这个梦想已经成真，雄蚕专养这项技术也是 20 世纪以来现代蚕桑业所取得的重大科技成就。

比芝麻还要小的蚕卵在外形上是没有差异的，那在生产中专门饲养雄蚕是怎么做到的呢？大家知道雌性决定染色体 W 上没有决定其他性状的基因，而 Z 染色体上有很多性状决定基因。生物的染色体上存在很多致病甚至致死基因，且都是隐性基因，譬如人的镰状细胞贫血病、血友病、红绿色盲等致病基因，这些隐性基因我们暂且叫它们"坏基因"。一般情况下在与之相匹配的另外一条染色体上，与这个"坏基因"相同位置的"好基因"（即显性基因）如果存在，那"坏基因"就无法表现，因此生物能正常生长发育。但无论是人还是蚕，只有一种性别有两条相同的性染色体，如人的女性为XX，蚕的雄性为ZZ；另一个性别只有一条带有性状决定基因的性染色体，另一条性染色体不带有相应的基因，如人的男性为 XY，蚕的雌性为ZW；如果在一条性染色体上有"坏基因"存在，而另一条性染色体上没有"好基因"平衡，"坏基因"就会完全暴露出来。

科研人员就是利用这个特点实现了雄蚕专养。简单地说，就是在蚕的Z染色体上设计一个胚胎致死基因，这样雌性在催青过程中胚胎就全部死亡，而雄性因为有另外一条不带胚胎致死基因的Z染色体可以正常发育孵化，这样蚕农得到的就全部是雄蚕。雄蚕相对更健康，容易饲养保丰收，且生产的雄蚕茧质量更好、价格更高，生产效益就更好。浙江育成的雄蚕品种不仅使浙江成为全国第一个专养雄蚕、生产雄蚕茧、缫制雄蚕丝的产区，也使我国成为世界唯一大规模专养雄蚕、生产雄蚕丝的国家。

那要如何才能实现雌蚕专养呢？第八章中的动手小实验"家蚕孤雌生殖实验"就以一种极为简单的方法实现了蚕卵孵化后均是雌性蚕宝宝的目的。

大家平时看到的大多是白白胖胖或者背上有一对斑纹（通常叫普斑）的蚕宝宝。其实在卵、幼虫、蛹及蛾各个发育阶段，不同地理系统的家蚕的体型外貌都有很多特有的性状。下面就展示各个阶段的部分多样性。

卵色多样性

一般蚕卵的固有色，中国系统为灰绿色，日本系统为灰紫色，但家蚕资源库里有红、粉、白、灰等多种遗传突变。

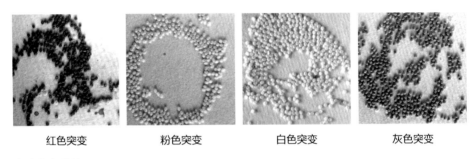

| 红色突变 | 粉色突变 | 白色突变 | 灰色突变 |

家蚕卵色性状

蚕宝宝的花纹

家蚕的幼虫形态性状主要是斑纹和体型，实用品种一般体型较大。中国系统为素蚕，体型较粗短；日本系统为普斑，体型较细长；欧洲系统体型较大，热带系统体型细小。但对于家蚕资源库中的品种，其体色、体型变异则是千姿百态。

蚕茧的形与色

蚕茧的外观性状主要有茧形、茧色、缩皱和茧衣。实用品种多为白色，但目前推广的也有彩色茧蚕品种。浙江省遗传资源库中保存的茧色有白色、黄色、红色及绿色等系列；茧形有圆形、椭圆形、长形、束腰、纺锤形等系列；缩皱有细、中等及粗之分。

熊色蚕（蚕体背、侧面黑褐色，正中有前后走向的白线）

黑色蚕（蚕体全身黑色，纯合体致死）

斑马蚕（也叫虎蚕，蚕体有规则环节状斑纹）

嵌合体蚕（蚕体沿正中矢状面由两种不同性状嵌合的个体，属于染色体异常）

家蚕幼虫斑纹性状

红色，圆形，中等缩皱

荧光绿，椭圆形，缩皱细

金黄色，纺锤形，缩皱粗

橘黄色，短束腰，缩皱较粗

淡绿色，长椭圆，缩皱中等

红色，内层黄和内层白

家蚕茧性状

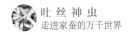

蚕蛾的体色和眼色

实用蚕品种的家蚕蛾由于在长期的家养驯化和品种选育过程中向高产易交配的方向发展，已经丧失了飞行的能力。一般雌蛾体型显著比雄蛾大，复眼黑色、体色乳白，蛾翅有或无花纹斑。蚕蛾主要变异性状包括体色和复眼颜色。如蛾的体色有暗化型突变，成虫为灰黑色；黑色突变型，成虫翅和身体都是黑褐色。复眼颜色有红、白和黄色突变。

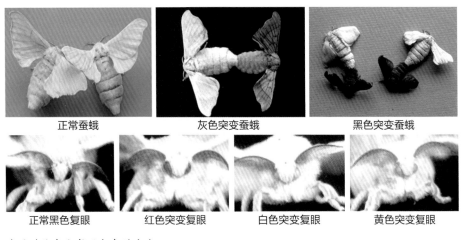

| 正常蚕蛾 | 灰色突变蚕蛾 | 黑色突变蚕蛾 |

| 正常黑色复眼 | 红色突变复眼 | 白色突变复眼 | 黄色突变复眼 |

家蚕蛾体色和复眼颜色的突变

丝腺差异性

养蚕历史上用过的土种（也即地方品种）虽然有其特色，且在历史上发挥过重要作用，但大多生产性能比较低：全茧量 0.8～1.0g，茧层量 0.11～0.12g，茧层率 12%～15%，茧丝长 300～500m，只能用于生产低品质的生丝，因此在生产中已销声匿迹。随着家蚕育种的进步，改良的优质多丝量品种生产性能显著提高：一般全茧量在 2.0g 以上，茧层量在 0.40g 以上，茧层率在 22% 以上，茧丝长在 1000m 以上，可用于生产高品质的生丝，在传统的蚕丝生产中发挥了巨大的优势。家蚕不同品种间的产丝性能存在极大的差异。

　　丝腺是成熟幼虫最大的器官，家蚕产丝量的多少直接与丝腺的大小有关。经过选育的多丝量品种有着发达的后部丝腺，而裸蛹突变系则基本没有后部丝腺的发育。

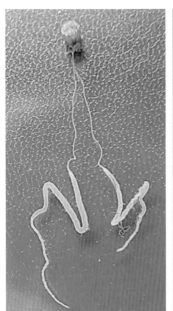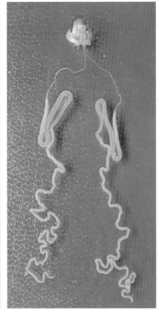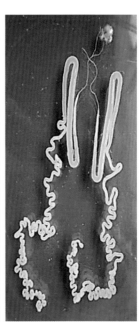

左图　裸蛹突变系
中图　少丝量三眠黄茧
右图　多丝量实用品种

无限生机篇

篇

第五章

锦绣丝绸

千万根丝线交错纵横
织出缤纷繁杂的绫罗绸缎
织出「一带一路」的源远流长
织出泱泱华夏的锦绣辉煌

① 蚕茧缫丝

〽️ 缫丝的概念

缫的定义最早见于《说文解字》："缫，绎茧为丝也。"意为：把蚕茧浸在热水里，抽出蚕丝。

"缫丝"是指将若干根蚕丝从蚕茧中抽引出来，合并制成生丝的过程。

〽️ 缫丝的原理

蚕茧是蚕蛹的保护罩，蚕丝层层叠叠十分坚固，我们要如何将蚕丝从蚕茧中抽出来呢？在讲缫丝的原理之前，我们先来了解一下蚕丝纤维的形态和结构。通常，一颗蚕茧可抽出一根连续长 700～1500m 的蚕丝。蚕丝的直径为 13～18μm，相当于头发丝的 1/5。一根蚕丝是由两根外裹丝胶的丝素组成的。通过扫描电子显微镜（SEM），我们可以更加清晰地观察到蚕丝的微观形态。

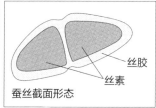

丝胶
丝素
蚕丝截面形态
10μm

蚕丝形态和结构

蚕丝纤维是天然蛋白质纤维，它的主体是丝素蛋白（70%～75%）和丝胶蛋白（25%～30%），还含有少量脂质、色素等。丝素蛋白呈白色半透明状，具有独特、美丽的光泽，是丝绸的主要成分。丝胶蛋白包裹着丝素蛋白，起着保护和黏合丝素的作用。丝素蛋白不溶于水，而丝素外包裹的丝胶蛋白会在水中溶解，且温度越高溶解度越大。

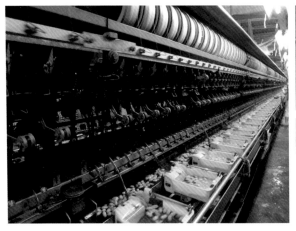

1 | 2
  | 3

图 1　正在运行的自动缫丝机
图 2　正在缫丝的蚕茧
图 3　成绞的生丝

自动缫丝机工作
状态

　　缫丝就是利用丝素蛋白和丝胶蛋白溶解性质的差异而实现的。通过煮茧（为了提高煮茧效率也会加入一些煮茧助剂）使丝胶溶解，蚕丝之间得以互相分离，再经索绪、集绪等工序，将抽出的蚕丝有序收集，相互捻合，缠绕在固定的工具上，干燥后就得到了生丝。一根生丝往往由 5～10 个蚕茧的蚕丝捻合而成（单根蚕丝细而不匀，强度低，长度有限，不能直接使用），看起来纤细，但实际上十分坚韧。生丝经过进一步精炼脱胶可以得到熟丝，生丝和熟丝都可以用于丝绸生产。

> **丝鸣**
>
> 　　生丝光泽柔和，质地柔软而有弹性，相互摩擦会发出一种特殊的悦耳声响，称为丝鸣。

⫻ 缫丝工具的历史发展

　　受限于小农经济思想和封建专制制度，古代中国一直使用传统手工缫丝工具进行缫丝生产，不同历史时期的缫丝技艺展现出了各自的时代特征。直到 19 世纪中国近代民族工业开始发展，民族企业家才从西方引进工厂化缫丝机，生产出不同于"土丝"的"厂丝"，因此现在也常将生丝叫作"厂丝"或"白厂丝"。

◎ 手工缫丝

先秦时期，人们把茧浸入冷水中揉搓脱胶，再用"工"字形或"X"形的绕丝工具进行单茧抽丝。用这种方法获得的原始生丝粗细不均且脆弱易断。后来人们发现将蚕茧浸在热水中可以加快脱胶，沸水煮茧法应运而生。

手工缫丝

秦汉时期，沸水煮茧技艺逐渐普及，人们普遍使用手持丝籰和辘轳式的丝軖进行缫丝，部分地区发明了手摇缫车（但该时期的史书中并未正式出现"缫车"一词），生丝产量有所增加，品质有所提升。

◎ 手摇缫车

晚唐诗人陆龟蒙有诗曰："尽趁晴明修网架，每和烟雨掉缲车。"这里的缲车即缫车，可见唐代手摇缫车已经十分普遍。唐宋时期，手摇缫车进一步改良，缫丝效率、生丝的产量和品质也得到了很大提高。

宋元时期，经过长期经验积累，人们学会了在煮茧时控制温度以提高缫丝效率和生丝质量。我国南北气候差异很大，因而形成了不同的缫丝方法。北方地区一直沿用"随煮随抽丝"的热釜缫丝法，得到的丝称为"火丝"。南方则发明了一种将煮茧和抽丝分开的冷盆缫丝法，将蚕茧在沸水中煮几分钟后，移入水温较低的冷盆中进行抽丝，得到的丝称为"水丝"。"水丝"有少量丝胶包裹，干燥后丝条均匀，坚韧有力，质量特别好。

左图　手摇缫车（杨屾《豳风广义》）
右图　湖州缉里脚踏缫丝车（中国丝绸博物馆藏）

◎ 脚踏缫车

　　宋元时期缫丝工具出现重大革新，从手摇缫车过渡到脚踏缫车，一个人即可承担全部缫丝流程，劳动效率大幅提高。元朝的统一促进了南北缫丝技术的融合，到明朝基本上形成了"北缫车"与"南冷盆"结合的技术，成为后来缫丝技术的主要形制。明清时期，人们还在蚕丝加工技艺上实现突破——发明了"出水干"美丝法。用该法缫出的丝能快速干燥、不粘连，蚕丝白净柔软。这也意味着传统缫丝技艺综合水平达到顶峰。

 小知识

"出口干"和"出水干"

　　明清时期，为了提高蚕丝的质量，人们对缫丝的方法进行了改进，主要有以下两种。

　　"出口干"：当熟蚕吐丝结茧时，保持适当的温湿度，使蚕吐出的丝能迅速干燥。

　　"出水干"：用炭火对刚从煮茧锅中缫出的生丝进行加温，使之迅速干燥。

◎ 机械缫丝

　　清朝末期，中国从西方引进了蒸汽动力缫丝机，缫丝手工业从此进入工厂化时代，这亦是古代与近代缫丝机器的分水岭。近代以来，缫丝机经历了从蒸汽动力缫丝机、立式缫丝机到现代自动缫丝机的变革。现代缫丝的工序也细化为"混茧→剥茧→选茧→煮茧→缫取→复摇→整理→检验"。自动缫丝机作为制丝工业的主要装备，对整个行业的生产效率、质量水平和经济效益起着至关重要的作用。

　　如今，中国制丝工业无论是在生产规模、技术水平，还是生丝等级等方面均处于世界领先地位。作为自古以来的产业，中国制丝工业并没有随着产业革命的进程而衰落湮灭，而是作为民族工业的象征和丝绸文化的标志与时俱进、历久弥新。

现代缫丝工艺步骤

出口印度的自动缫丝机——"杭纺机"

② 丝绸织造

∥ 织造的概念

《说文解字》中记载："织，作布帛之总名也。"织的本义是制作布帛。织造是指将生丝加工后分成经线和纬线，并按一定的组织规律相互交织形成丝织品的过程。织造分为生织和熟织两类。

生织（先织后染）：将经纬线不经炼染先制成织物（即坯绸），然后再将坯绸炼染成成品。这种生产方式成本低、过程短，是目前丝织生产中运用的主要方式。

熟织（先染后织）：将经纬线在织造前先染色，织成后的坯绸不需要再经炼染即成成品。多用于高级丝织品的生产，如织锦缎、云锦、宋锦、塔夫绸等。

小知识

"织造" 官职

明清时期朝廷于江宁、苏州、杭州各地设专局，掌管各项丝织品的织造，以供皇室之用，即"江南三织造"。明朝于三处各置提督织造太监一人。清朝沿用此制，但不用宦官而改用内务府人员，称为织造。

∥ 织造的原理

我们知道可以用经纬度来表示地球表面任意一点的坐标，这里的"经纬"正是来自织机中经线和纬线的概念。

在纺织工程术语中，通过经纬交织把纱线变成面料的工艺称为"机织"或"织造"。把纱线织造成面料是一个由线到面的过程。首先要把纱线分成经、纬两组，先布好一组平行的经线，再用一根与经线相垂直的纬线在经线中上下交织形成织物。

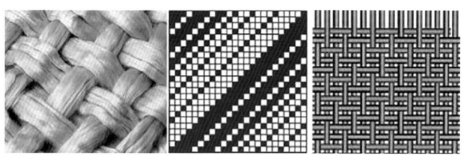

经线和纬线交织示意

织造有五个基本步骤——送经、开口、投梭、打纬、卷布。其中最重要的工作是开口，经纬线交织的变化基本发生在开口这一过程。不同开口方式织出来的织物不同，可能是平纹、斜纹、缎纹甚至是带图案的。

织造的原理在所有布料上都是通用的，丝绸织造亦是如此。考古人员在 5000 多年前的仰韶文化遗址中就发现了织物，这可能是中国最早的织物，可见我们的祖先很早就掌握了织造技术。

最早的熟丝丝绸制品

2019 年 12 月，考古人员在河南省荥阳市汪沟遗址出土瓮棺里的头盖骨附着物和瓮底土样中，检测到桑蚕丝残留物。进一步的研究表明，瓮棺中的织物是一种丝绸——四经绞罗。这是目前中国乃至世界范围内发现的年代最早的熟丝丝绸制品，距今 5600—5300 年。

织造工具的历史发展

中国是织机史上最为丰富多彩、最具创造力的国度。时间上，7000 年前中国就出现了原始织机，到战国、秦汉时期踏板织机和多综式提花织机大量出现，经过丝绸之路的织造技术交流，唐代初期中国已出现真正的束综提花

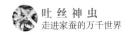
机，且这种织机在宋元明清时期占据主导地位。地域上，不仅汉族地区有提花织机的技艺传承，少数民族地区也有不同类型的织机遗存，它们都是宝贵的历史研究资料和人类智慧结晶。

◎ **手脚织造**

《淮南子·氾论训》记载："伯余之初作衣也，緂麻索缕，手经指挂，其成犹网罗。"说的是在没有织机之前，人们先把麻制成线，再用手指固定经线，经纬线不断交织，形成网罗类的织物。这种把手脚当工具的织法如今依旧存在。

◎ **原始织机：中国最早的织机类型**

原始织机是一种双轴（经轴和布轴）织机，由于布轴缚在织工的腰后，又称为原始腰机。织工可以通过身体的前后倾斜来控制经线张力并完成织造。因使用比较方便，这种织机就一直沿用了下来，尤其是在少数民族地区。

◎ **有架织机：更为广泛的原始织机**

有架织机是有机架，没踏板和传动机构的一类织机。跟原始织机相比，有架织机不再需要用腰部对经线进行固定，而是用架子进行固定。后来，中国在原始织机和有架织机的基础上发展出踏板织机和提花织机，织出更加精美优质的丝绸，通过丝绸之路传播到中亚、西亚及欧洲。

◎ **踏板织机：机械传动的平素织机**

踏板织机是带有脚踏提综开口装置的织机的通称。踏板织机最早出现在春秋战国时期，但在东汉时期的大量汉画像石上才能看到踏板织机的图像。踏板织机相对原始织机和有架织机最重要的改进就是把手提综片开口改为脚踏提综开口，通过一套机械传动系统大大提高了织造效率（利用脚来完成开口动作，手只需要完成投纬、打纬两个动作）。

◎ **提花织机：贮存和控制图案信息的织机**

前面介绍的织机只能织没有图案的平纹布料。为了能反复有规律地织造

左图　原始织机工作状态示意
中图　交叉式有架织机（贵州省博物馆藏）
右图　汉代斜织机（踏板织机的一种）

复杂花纹，人们发明了综片和花本来贮存纹样信息，将提花规律贮存在提花织机的综片或是与综眼相连接的综线上，从而控制提花程序。

　　在我国古代各类花本式提花织机中，大花楼提花织机是最复杂、最奇特又最完美的织造工具，代表了中国古代织造技术的最高成就。这种织机出现于东汉时期，盛行于唐代，并不断臻于完善。

　　1801 年，法国人雅卡尔在中国束综提花织机的基础上发明了新一代提花织机，用穿孔纹版代替花本，并采用机械传动方法织造。随着时间推移，丝织提花技术逐步走向电脑自动化的新时代。

左图　成都老官山汉墓提花织机复原模型
右图　云锦织机（大花楼提花织机）

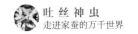
◎ 现代织机：机械化生产各种丝绸

目前丝绸生产使用的现代织机主要为无梭织机。无梭织机的基本特点是将纬纱卷装从梭子中分离出来，或是仅携带少量的纬纱，以小而轻的引纬器代替大而重的梭子，为高速引纬提供有利条件。无梭织机有剑杆、喷气、喷水、片梭（片状夹纬器）和多梭口（多相）等形式。

剑杆织机

采用往复移动的剑状杆叉入或夹持纬纱，将其引入梭口的无梭织机。适合小批量、多品种、多色纬织造。

片梭织机

采用片梭将纬纱引入梭口的织机。对纬纱具有较好的控制能力，很适合高档产品的加工。

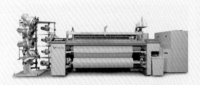

喷气织机

采用喷射气流牵引纬纱穿越梭口的无梭织机。适合细薄织物加工，加工原料主要为短纤维和化纤长丝。

喷水织机

采用喷射水柱牵引纬纱穿越梭口的无梭织机。织机车速高，适用于大批量、要求速度快、低成本的织物加工。

③ 丝织品

丝织品的三原组织

和颜色中的红、黄、蓝三原色类似，纺织中也有三原组织：平纹组织、斜纹组织、缎纹组织，它们是丝织品最常见的组织结构。复杂织物都是在三原组织的基础上加以变化形成的。

小知识

什么是组织结构?

想要将细长的丝线织成整张布料，最关键的一点就是如何排布线与线的位置，在纺织品中，将这种位置关系概括为"组织结构"，即经线和纬线交叠的关系。绫、罗、绸、缎之间最本质的区别就是它们具有不同的组织结构。

平纹组织小名片		
	平纹组织和平纹织物	
定义	经线和纬线每隔一根相交一次，一上一下规律交织构成的织物组织	
特点	三原组织中结构最简单的织物组织。 平纹组织经线和纬线交织点很多，经纬线抱和紧密，因此平纹织物质地轻薄、坚牢平挺、耐磨度很好，但光泽差、弹性小	
应用	常见的平纹织物有丝织物中的电力纺、双绉、乔其纱，棉织物中的平布、府绸，毛织物中的凡立丁、薄花呢，麻织物中的夏布、麻布，等等	

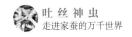
斜纹组织小名片	
	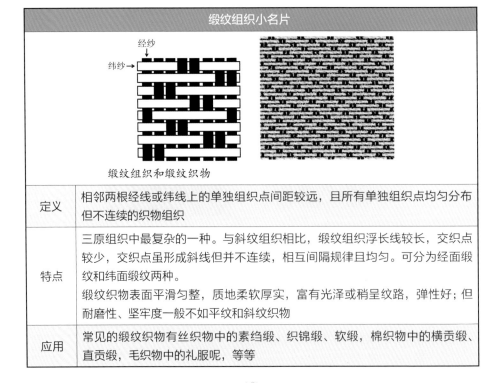 斜纹组织和斜纹织物
定义	经线和纬线的交织点在织物表面呈现出一定角度的斜纹线
特点	斜纹组织可以分为经面斜纹和纬面斜纹。与平纹组织相比，斜纹组织的经纬交织点少，其织物坚牢度和耐磨度不如平纹织物，但光泽和弹性都要优于平纹织物，手感柔软光滑
应用	常见的斜纹织物有丝织物中的真丝斜纹绸、美丽绸，棉织物中的斜纹布、卡其、牛仔布，毛织物中的哔叽、华达呢，等等

缎纹组织小名片	
	缎纹组织和缎纹织物
定义	相邻两根经线或纬线上的单独组织点间距较远，且所有单独组织点均匀分布但不连续的织物组织
特点	三原组织中最复杂的一种。与斜纹组织相比，缎纹组织浮长线较长，交织点较少，交织点虽形成斜线但并不连续，相互间隔规律且均匀。可分为经面缎纹和纬面缎纹两种。 缎纹织物表面平滑匀整，质地柔软厚实，富有光泽或稍呈纹路，弹性好；但耐磨性、坚牢度一般不如平纹和斜纹织物
应用	常见的缎纹织物有丝织物中的素绉缎、织锦缎、软缎，棉织物中的横贡缎、直贡缎，毛织物中的礼服呢，等等

无限生机 篇

 丝织品分类

古代的丝织品基本按织物组织、织物花纹、织物色彩命名，但织物的分类界限并不十分清晰，同一织物在不同时代的名称也不断变化。现代丝织品沿用旧名的很多，如绉、绫、绨、绢，也有一些使用了外来语，如乔其（georgette）、塔夫绸（taffeta）等。目前，根据组织结构、采用原料、加工工艺、质地、外观形态和主要用途，丝织品可分成纱、罗、绫、绢、纺、锦、缎、绨、葛、呢、绒、绸、绡、绉14大类；又可进一步细分为双绉、乔其、碧绉、顺纡、塔夫等34小类。

🎋 **小知识**

绫、罗、绸、缎的区别

"绫罗绸缎"一词出自《儿女英雄传》："京城地方的局面越大，人的眼皮子越薄，金子是黄的，银子是白的，绫罗绸缎是红的绿的，这些人的眼珠子可是黑的，一时看在眼里，议论纷纷。""绫罗绸缎"一词泛指各种精美的丝织品，也常用来形容富人的衣着。

前面提到，绫、罗、绸、缎的本质区别是织物的组织结构不同。

"绫"是采用斜纹组织，表面呈明显斜向纹路的丝织品。

绫一般质地轻薄，表面呈叠山形斜路，"望之如冰凌之理"。绫的种类有素色绫、暗花绫和妆花绫，广泛用于衣料、刺绣、书画装裱等。

绫的出现最早可追溯至殷商时期，在唐宋时期较为兴盛，是百官常服的指定用料；明清时期绫作为衣料渐渐式微，但今天依旧是书画装裱的常用面料。

绫的组织结构示意

金黄色牡丹莲花童子纹绫

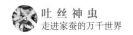

　　"罗"是采用绞经组织，经线明显绞转，织物表面具有空眼的丝织品。许多罗在织造过程中会形成链条一样的结构，四经绞罗就是典型的例子。

　　罗的特点是风格雅致，纱孔通风、透凉，穿着舒适、凉爽，是良好的夏季衣料。罗在商代已经出现，唐代浙江的越罗和四川的单丝罗十分著名。

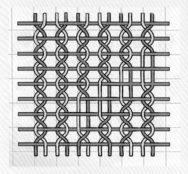

左图　罗的组织结构示意
右图　褐色缠枝山茶花罗

　　"绸"是采用三原组织或混用变化组织的质地紧密的丝织品。

　　绸属中厚型丝织品，绸面挺括细密，手感滑爽。纯桑蚕丝的绸更是质地柔滑，反射光线柔和。

　　人们习惯上把绸与起缎纹效应的缎联系在一起，将"绸缎"作为丝织品的总称，有时也用"丝绸"来指代丝织品。

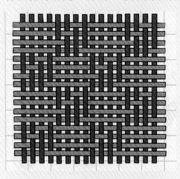

左图　绸的组织结构示意
右图　大红云蝠杂宝纹绸地彩绣团花童衣

　　"缎"是采用缎纹组织或缎纹变化组织，表面平滑、光亮、细密的丝织品。

　　常见的缎有素软缎、花软缎、织锦缎、古香缎等。其特点为平滑光亮，质地柔软，花型繁多，色彩丰富，纹路精细，雍华瑰丽。

　　缎最早见于元代，明清时成为丝织品中的主流产品，它是丝织品中最绚丽多彩，工艺水平最高级的大类品种。

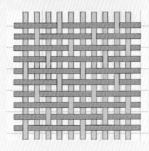 

左图　缎的组织结构示意
右图　仿清代雍正真金海水江崖九龙妆花缎龙袍

中国四大名锦

　　"锦"本义指用彩色经纬丝织出的有各种图案花纹的丝织品，一般泛指具有多种彩色花纹的丝织品。

　　在古代，锦是和黄金一样贵重的丝织品。锦起源于中国，诞生于商周时期，已有3000多年的历史。唐宋时期织锦技艺发展很快；明清两代织锦生产集中在南京、苏州等地，除了官府的织锦局外，民间作坊也蓬勃兴起，江南织锦生产空前繁荣。

　　现代中国织锦的产地很广，品种繁多，其中最为著名的有南京云锦、成都蜀锦、苏州宋锦、广西壮锦，合称"中国四大名锦"。

◎ 南京云锦

　　在古代丝织品中，锦是最高织造技艺水平的代表，其中南京云锦集历代织锦艺术之大成，位于中国四大名锦之首。南京云锦是由拽花工和织手两

左图　云锦《一品官鹤补》（局部）
右图　明万历红地如意云纹织金孔雀羽妆花纱龙袍料（现收藏于云锦博物馆）

人相互配合，用传统的大花楼提花织机手工织造出来的。元、明、清三朝，云锦均为皇家御用贡品，深受王公贵族的喜爱。云锦色泽光丽灿烂，若天上云霞，具有丰富的艺术文化和科技内涵，被称为"中国古代织锦工艺史上最后一座里程碑"。2006 年，南京云锦木机妆花手工织造技艺被列入第一批国家级非物质文化遗产名录。

揭秘南京云锦
织造之谜

◎ 四川蜀锦

蜀锦是四川成都的标志性丝织品，成都也因盛产蜀锦而有"锦官城"的美名。蜀锦兴于春秋战国，盛于汉唐，是汉代至三国蜀郡所产特色锦的通称。明清时期，蜀锦织造技艺炉火纯青，在锦史上被称为"明清三绝"之一。蜀锦的传统品种有雨丝锦、方方锦、条花锦等。图案取材十分广泛，如神话传说、山水人物、花鸟禽兽等，具有高度的概括性和艺术水平。龙凤纹、团花纹、花鸟纹、卷草纹、几何纹等传统纹样至今仍为广大人民群众喜闻乐见。2006 年，蜀锦织造技艺被列入第一批国家级非物质文化遗产名录。

 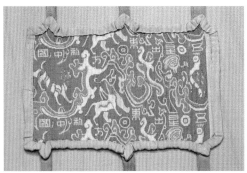

左图　繁复绮丽的蜀锦
右图　"五星出东方利中国"汉代织锦护臂（现收藏于新疆博物馆）

◎ 苏州宋锦

宋锦是宋代发展起来的织锦，因主要产地在苏州，故谓"苏州宋锦"。宋锦织工精细、色泽华丽、图案精致、质地坚柔、艺术格调高雅，具有宋代传统风格与特色，与元明时期流行的光泽艳丽的织金锦、妆花缎等品种有着明显的区别，是一种以经线和彩纬同时显花的织锦。宋锦既继承了秦汉经锦的技艺，又继承了唐代纬锦的风格，集两者特色于一身，在宋、元、明、清不断蓬勃发展，反映了中国传统织锦技艺的杰出水平，有中国"锦绣之冠"的美誉。2006 年，宋锦织造技艺被列入第一批国家级非物质文化遗产名录。

石青地极乐世界织成锦图轴（现藏于故宫博物院）

◎ **广西壮锦**

　　壮锦产生于宋代，是广西壮族自治区著名的传统织物，当时壮族被称为僮族，故壮锦又称僮锦。与前面三种名锦不同，壮锦是用棉线或麻线作经线，用彩色丝绒作纬线，采用通经断纬的方式编织而成的。壮锦通常色彩斑斓，对比强烈，具有浓艳粗犷的艺术风格。壮锦的花纹图案类似剪纸图案，造型千姿百态，线条粗壮有力，充满热烈、开朗的民族格调。历经千余年发展，壮锦形成了三大纹样体系，分别是几何图案纹样、花卉复合纹样、吉祥瑞兽纹样。壮锦与壮族人民的日常生活息息相关，花边、腰带、头巾、围巾、被面、台布、背带、背包、坐垫、围裙、床毯、壁挂巾、锦屏等等，处处都有壮锦的影子。2006 年，壮族织锦技艺被列入第一批国家级非物质文化遗产名录。

《壮锦》

左图　富含几何纹样的壮锦
右图　壮族孩童小帽

　　✂ **中国四大名绣**

　　以布为纸，以线当墨，以针作笔，刺绣作为中国传统手工技艺，在战国时期已较为成熟，并逐渐呈现出实用性与装饰性高度合一的特点。而至唐宋时期，刺绣针法更加繁复细腻，用刺绣制作书画饰件等成为潮流。明清之际，刺绣行业达到巅峰，除去宫廷御用的刺绣品外，民间刺绣也进一步发展。苏、湘、蜀、粤等地经济富庶，官绅商贾云集，绣品往来空前繁荣。苏绣、湘绣、蜀绣、粤绣在全国声名鹊起，被称为中国古代"四大名绣"，是宝贵的国家非物质文化遗产。

◎ 苏绣

苏绣是苏州地区刺绣品的总称。太湖流域气候温和，适合栽桑养蚕，故盛产丝绸。优越的自然地理环境，繁盛的锦缎产业，为苏绣发展创造了有利条件。在长期的发展过程中，苏绣在艺术上形成了图案秀丽、色彩和谐、线条明快、针法活泼、绣工精细的地方风格，被誉为中国刺绣史上的"东方明珠"。

双面绣《猫》是典型的苏绣作品。匠人们将一根头发粗细的绣花线分成二分之一、四分之一，甚至十二分之一、四十八分之一的细线绣，并将千万个线头、线结藏得无影无踪。无论从正面还是反面都可以看到小猫调皮活泼的神态。

苏绣作品《双猫图》（顾文霞绣制）

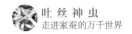

◎ 粤绣

粤绣是广州刺绣品（广绣）和潮州刺绣品（潮绣）的总称。广绣以绒绣、线绣为主，针工细密，色彩艳丽，富有浓郁的民间艺术特色。潮绣以金、银线垫绣，针法独特，钉金缀银，具有强烈的装饰性。粤绣始于唐代，明中后期形成特色，清代从广州港出口到世界各地。粤绣的绣工多是男子，为世所罕见。在艺术上，粤绣以布局饱满、图案繁复、场面热烈、用色富丽、对比强烈著称。

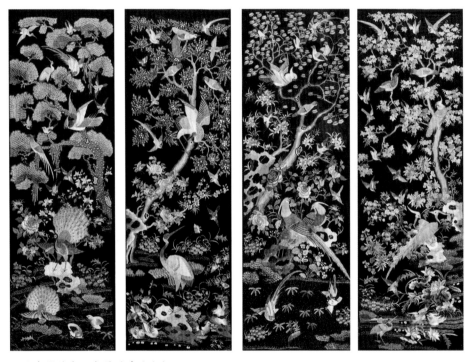

黑地粤绣花鸟四条屏（清晚期）

◎ 湘绣

湘绣是以湖南长沙为中心的刺绣品的总称。现代的湘绣主要是在湖南民间刺绣工艺的基础上融入古代宫廷绣、士大夫闺阁绣的技艺，同时吸取苏绣和粤绣及其他绣种的精华而发展起来的。湘绣构图严谨，劈线细致，针法千变万化，十分强调用色的阴阳浓淡。湘绣上的人物、山水、花鸟等形象生动逼真、色彩鲜明、质感强烈、形神兼备，具有特殊的艺术效果，有"绣花花生香，绣鸟能听声，绣虎能奔跑，绣人能传神"的美誉。

湘绣代表作品《饮水虎》（柳建新绣制）

◎ 蜀绣

蜀绣又名"川绣"，主要指以成都为中心的川西平原一带的刺绣品。蜀绣历史悠久，最早可上溯到三星堆文明，是中国传承时间最长的绣种之一。蜀绣以软缎和彩丝为主要原料，针法种类丰富，充分发挥了手绣的特长，具有浓厚的地方风格。蜀绣题材多为花鸟、走兽、山水、虫鱼、人物；绣品品种既有斗方、屏风、镜画等大气壮美的观赏佳作，也有被面、枕套、靠垫等意趣盎然的生活小件，是观赏性与实用性兼备的精美艺术品。

左图　明·秦良玉平金绣蟒凤衫（明末崇祯皇帝御赐给千里勤王的重庆女将军秦良玉的官服，现藏于重庆中国三峡博物馆）

右图　蜀绣代表作品《熊猫》

∥ 亚太经济合作组织（APEC）峰会

自从 1994 年印尼总统苏哈托为每位参加会议的领导人"量体裁衣"后，由东道主向参会领导人提供统一样式、具有本地特色的休闲服装，便成了 APCE 领导人非正式会议一条不成文的规定。

2001 年 10 月第 9 次 APEC 领导人非正式会议首次在中国上海举办，各与会经济体领导人身穿唐装在上海科技馆楼前合影，成为这次盛会的一大亮点。这套兼具中国传统特征与西方现代造型的服装也因此获得了一个特定称呼"新唐装"。

这套服装以丝绸作为面料，在传统和现代之间做到了完美平衡。设计师们放弃了传统服装肩袖不分、前后衣片联体等缺乏立体感的款式造型，而代之以肩、袖等部位的现代装袖造型，但同时重视传统服装语言的一些基本要素，如立领、对襟、手工盘纽等。这些改变既较好地汲取了经典的传统元素，又营造出了"新唐装"的现代美感，蕴含着对中国服装之"现代化"的追求，也极具象征性地反映了全球化的大背景和以"民族"特色来予以回应的意向。

2014 年 10 月第 22 次 APEC 领导人非正式会议在中国北京召开，21 位国家元首携配偶身着汇聚传统与创新元素的新中装亮相水立方，留下永恒经典的一幕。精致、典雅的新中式服装令世人为之赞叹。

此次 APEC 领导人服装的核心面料为宋锦，以 100% 6A 级桑蚕丝和顶级羊毛为原料，运用现代高科技织造技术和古法宋锦工艺织造而成，实现了丝绸与文化、科技的结合。在设计上大胆使用对开襟等创新中式服装元素，并将几千年中国服饰特征融会贯通，"海水江崖纹"的设计，赋予了 21 个经济体山水相依、守望相助的寓意。宋锦质地坚柔，平服挺括，图纹丰富而流

左图　第 9 次 APEC 峰会"新唐装"服饰
右图　第 22 次 APEC 峰会宋锦服饰

畅生动，色彩艳而不火，繁而不乱，富有明丽古雅的韵味。整套服装低调、内敛、庄重、大气，适应国家级礼仪场合，既充分展示了领导人的气质，又体现了中国温润、儒雅、包容的大国风范，表达了中国人"有朋自远方来，不亦乐乎"的好客之道。

二十国集团（G20）峰会

除了世界文化遗产西湖的美景之外，杭州也将丝绸作为传递中国文化的载体，展现杭州作为 G20 峰会承办地的热情与自信，向世界递上一张更为柔美的"金名片"。

◎ G20峰会元首礼:"花团锦簇"丝巾

"花团锦簇"丝巾设计灵感来源于G20峰会二十国国花,在设计上运用写意、工笔、素描等不同画风,将丝绸与国画融合,而杭州市市花——桂花的加入,既表达了峰会在杭州举办,也象征着二十国友谊长久。

"花团锦簇"丝巾礼盒

◎ G20峰会记者礼:市玉水磨骨真丝扇

真丝扇面上是中国代表性的梅、兰、竹图案,传递着君子风范,展现了中国礼仪文化。扇面采用四层复合技艺,正反两面皆为浙江丝绸,寓意丝绸之路架起世界互通的桥梁。

市玉水磨骨真丝扇

北京冬奥会

2022年北京冬奥会奖牌绶带选用丝绸材质,以中国传统文化、丝绸文化和北京冬奥人文情怀为基础,运用绿色低碳环保科技,于细节处展现"中国美"。

绶带从提花纹样到组织结构都做了专门设计和特殊处理。绶带纹样上,充分汲取了宋锦经纬线同时起花的工艺特色,凸显出朵朵"冰雪纹"的精细纹路和立体美感。绶带色彩上,为保持色彩艳丽采用了最新研发的GBART数字化绿色印染工艺。

北京2022年冬奥会和冬残奥会颁奖礼仪服装共有三套方案,分别为"瑞雪祥云""鸿运山水"和"唐花飞雪",设计灵感来自瑞雪、祥云、名画《千里江山图》以及传统唐代织物等中国传统文化元素。

左图　2022 北京冬奥会奖牌绶带

右图　2022 北京冬奥会颁奖礼仪服装（其一）

〃 杭州亚运会

　　杭州亚运会的核心图形"润泽"，灵感来源于杭州代表性文化元素——丝绸。图形寓意着徐徐展开的一卷富有江南韵味和东方诗意的"新富春山居图"，灵动飘逸的丝绸之线和曲折秀美的山水之线相互交织，体现了"温润万方，泽被天下"的气韵与胸襟，展现出江南的独特气质和深厚的中华文化韵味。

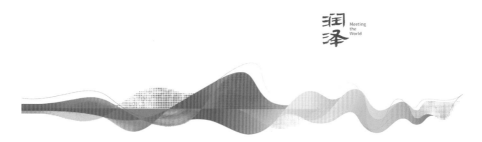

杭州亚运会的核心图形

第六章

泽被百业

一桑、一蚕、一茧、一丝

它们的生机却远不止于此

你身边的一切可能都有它们的身影

① 探索桑树的宝藏

桑是桑科（Moraceae）桑属（*Morus*）植物的统称，为多年生落叶乔木，偶有灌木，有着许多种和变种，种和变种中又有众多的品种。

小知识

种

种是生物分类中的基本单位。同种生物的个体，有极近似的形态特征且能进行自然交配，产生正常的后代，不同种间则会存在生殖隔离现象。我国主要桑种有鲁桑（*Morus multicaulis*）、白桑（*M. alba*）、山桑（*M. bombycis*）、广东桑（*M. atropurpurea*）等。如果种内某些个体之间有明显差异，可视差异的大小，分为亚种、变种、变型等，如鬼桑（*M. mongolica* var. *diabolica*）就是蒙桑（*M. mongolica*）的变种。

品种

品种是人类在一定的生态和社会经济条件下，根据自己的需要而创造的某种作物的群体，它具有相对稳定的遗传特性，在一定的栽培环境条件下，个体间生物学性状和经济性状相对一致。品种属于经济学上的类别，而不是植物分类学上的类别，比如江浙地区的主要桑树品种有桐乡青、荷叶白、团头荷叶白、湖桑197号等。

左图　种植桑园

右图　西藏千年古桑

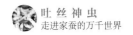
长久以来，桑树的最大用处就是提供桑叶用作蚕宝宝的饲料，服务于丝绸产业。古时许多人家房前屋后都会种桑树和梓树，因此"桑梓"也常用作故乡的代名词，毛主席就曾留下著名的诗句："埋骨何须桑梓地，人生无处不青山。"其实桑树本身的应用价值就极高，可以说浑身都是宝。根据《中华人民共和国药典》的记载，桑枝可祛风湿，利关节；桑白皮可泻肺平喘，利水消肿；桑叶可疏散风热，清肺润燥，清肝明目；桑葚可滋阴补血，生津润燥。随着现代科学的不断发展，桑树的果实、枝条、茎叶等也在食品、药用、化工等领域有着广泛的应用，为人类带来了极高的经济价值。

桑葚

桑葚即桑树的果实，多数密集成卵圆形或长圆形的聚花果，属于浆果类，被列为第三代水果资源之一。常见的有黑桑葚、白桑葚和红桑葚。

黑桑葚、白桑葚、红桑葚

桑葚的利用方式也是多种多样，除了作为水果直接鲜食，还可以加工成桑葚果汁、桑葚酒、桑葚果醋等各种营养或保健食品，具有良好的天然风味和滋补功效。

作为药材，桑葚在《本草纲目》中就有记载："捣汁饮，解中酒毒。酿酒服，利水气消肿。"桑葚可滋阴补血，用于肝肾不足、精血亏虚、头晕目暗、耳鸣失眠、须发早白等。桑葚也有生津润燥、乌发明目、养颜美容及润肠的功效。现代科学研究表明，桑葚具有提高免疫力、改善睡眠、延缓衰老、降血糖、降血脂、预防动脉粥样硬化的作用。

1	2	3
4	5	6

图 1　桑葚果实

图 2　桑葚果汁

图 3　桑葚果酒

图 4　桑葚果酱

图 5　桑葚果冻

图 6　桑葚红色素

经过进一步深加工，桑葚还可以用于生产桑葚红色素，这是一类常用的食品添加剂。

✂ 桑枝

桑枝是被大多数人认为桑树全身最没有价值的东西，但在过去很长一段时间里，桑枝在蚕区百姓生活中扮演了十分重要的角色。在江南传统蚕区，因为水网密布，鲜有山林，所以桑枝一直以来就是最方便、低廉的燃料，不仅可用于日常烧火做饭，更可用于蚕室的加温。不过在燃料资源日益丰富的今天，这种利用方式也在逐渐消失。

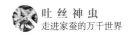
小知识

　　在夏季春蚕饲养结束后和冬季桑园管理过程中，蚕农会将老的桑树枝条修剪掉，方便新的桑枝生长。如果没有合理的处置方式，剪下来的桑枝长期堆放在田间，不仅其经济价值得不到开发，还会成为桑树病虫繁衍的有利场所，危害蚕桑业的发展。

　　桑枝同样是一种很好的中药材，一般的制备方法是在春末夏初采收白桑的干燥嫩枝，去叶、晒干，或趁鲜切片，晒干。中医上普遍认为桑枝微苦、性平，有祛风湿、利关节的功效，主治肩臂、关节酸痛麻木等症。

左图　桑树枝条
右图　桑枝片中药材

　　现在已经开发出一种大量应用桑枝，一举多得的新技术，就是利用桑枝木屑作为培养基，栽培香菇、猴头菇、黑木耳等食用菌类。这项技术不但经济价值高，而且用桑枝替代了传统的山林树木，有利于保护植被，用过的培养基残渣还是极好的有机肥料，这正是现代农业最倡导的利用方式。

　　桑枝中约含粗蛋白5.44%，纤维素51.88%，木质素18.18%，半纤维素23.02%，此外还含有酚类、黄酮类、生物碱等特殊成分，是栽培食用菌的上等原料。由其培育生产的桑枝食用菌口感柔嫩、风味独特，且富含蛋白质、多种氨基酸、维生素、多糖类、矿物质等营养成分，同时它的脂肪含量低，纤维素含量较高，是一种重要的健康食品。

左图　重庆市某食用菌种植基地
右图　桑枝培育的大球盖菇

〻 桑皮

　　桑皮的价值同样不可小视。桑皮有两种，一种是桑枝皮，还有一种是桑根皮。作为中药材以桑根皮更佳，用其制备的中药名为"桑白皮"，性甘、寒，它的功能是泻平喘、利尿消肿，主治肺热喘咳、水肿胀满、尿少、面目肌肤浮肿、糖尿病及骨折等病症。桑根还用于泡酒，所得桑根酒具有生发功效。当然，桑枝皮也可用来做药，从桑枝皮中提取的成分混合液对毛发生长有显著的促进作用，同时还具有降血压和镇静的作用。

　　桑皮更大的价值在于桑皮纤维的利用。经过化学处理，桑皮纤维既可成为人造丝的高级原料，又可做成优质桑皮纸或白报纸。桑皮纸的生产始于汉末，

左图　桑白皮
右图　桑皮纸

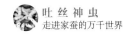

因此又称汉皮纸，迄今已有 1700 多年历史。桑皮纸的特点是柔嫩、防虫、拉力强、不褪色、吸水力强，主要用于书画、装裱、包装、制伞等领域。2008年，桑皮纸制作技艺经国务院批准列入第二批国家级非物质文化遗产名录。

桑叶

桑叶的主要用途当然是养蚕产茧，但在实际生产中，往往会出现桑叶过剩或一些桑叶不宜用来养蚕而废弃的情况。经分析，生长期的桑叶水分约占桑叶总量的 75%，干物质约占 25%。干物质中粗蛋白约占 29%，粗脂肪约占 5%，可溶性碳水化合物约占 20%，灰分约占 12%，具有较高的营养利用价值。

《本草纲目》等中医典籍认为，桑叶有疏风散热、清肺润燥、清肝明目的功效，主治风热感冒、肺热燥咳、头晕头痛、目赤昏花等病症。现代医学也表明，桑叶中含有丰富的钾、钙、铁、铜、锌等人体必需的微量元素，多种维生素，叶酸等成分，具有降压、降血脂、抗衰老、增加耐力、降低胆固醇，以及抑制肠内有害细菌繁殖和过氧化物产生等独特功效，对人体有良好的保健作用。

桑叶中含有的一种生物碱：1-脱氧野尻霉素（1-deoxynojirimycin，DNJ，分子式为 $C_6H_{13}NO_4$），含量约为 0.11%，是一种强效 α-糖苷酶抑制剂，具有显著的降血糖作用。DNJ 进入人体后，可抑制人体内蔗糖酶、麦芽糖酶、α-葡萄糖苷酶、α-淀粉酶对糖的分解，从而阻断人体对糖的吸收，抑制血糖上升，达到防治糖尿病的效果，且用时不会引起饮食结构的改变。此外，桑叶中的另一类生物碱——荞麦碱 [(2R,3R,4R)-2-(hydroxymethyl)piperidine-3,4-diol] 及桑叶多糖可以促进细胞分泌胰岛素，而胰岛素可以促进细胞对糖的利用、肝糖原合成以及改善糖代谢，最终达到降血糖的效果。"桑叶茶"就是以此为依据开发的。

由于具备较高的营养价值，桑叶也可以用作食品开发，但由于它所含的有机酸会产生特有的苦涩味，影响人的味觉，所以一般不宜直接食用，而是作为添加成分加入其他食品中。现已开发出桑叶汁饮料、桑叶面、桑叶饼等食品，具有独特的风味。

此外，一些蚕农也会将桑叶收集起来，晒干贮藏，用作牛羊等牲畜的冬季饲料。

1	2	3
4	5	6

图 1　桑叶茶
图 2　炸桑叶
图 3　桑叶饼干
图 4　桑叶粉
图 5　桑叶面
图 6　桑叶馒头

　　桑树因养蚕需求遍布世界，成为影响世界的中国植物之一。在不同的地理环境、气候土壤条件下，桑树走过漫长的历史长河，形成了目前千姿百态的不同品种。在生产上培育的各种品种除了要适应不同气候条件和土壤特性，更关键的是要满足蚕宝宝对桑叶的营养需求，但基于一些特殊桑树品种对不良环境的高度适应性，今天的桑树在生态治理中也发挥了重要的作用。

桑基鱼塘

　　沧海桑田这个成语比喻世事变化很大，而浙江湖州桑基鱼塘系统的起源与发展，也正是讲述了一个"沧海桑田"的故事。湖州桑基鱼塘系统位于南浔西部，北临太湖，有运河穿流而过，境内地势低平，河港纵横，土地肥沃，四季分明，物产丰富，是中国传统桑基鱼塘系统最集中、规模最大、保留最完整的区域。

全球重要农业遗产——湖州桑基鱼塘系统航拍图

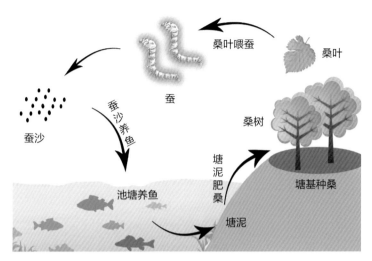

湖州桑基鱼塘系统
生态循环模式

湖州桑基鱼塘系统起源于春秋战国时期（约公元前514年），至今已有2500多年的历史。在古代该系统区域属于菱湖低洼湿地，经常遭受洪涝灾害，为解决洪涝灾害，区域内的劳动人民通过修筑五里七里为一纵浦、七里十里为一横塘的溇港水利排灌工程，防涝防洪、引水灌溉；将地势低下的桑林附近常年积水的洼地深挖成鱼塘，挖出的塘泥则堆放在水塘的四周作为塘基并栽种桑树，逐步演变成塘中养鱼、塘基种桑、桑叶喂蚕、蚕沙养鱼、鱼粪肥塘、塘泥肥桑的生态模式。

在这里蚕农们世代与桑为伴、同蚕相依、以渔为歌、依丝而生，历经数千年的嬗变，积淀了丰厚的"蚕桑丝鱼"文化，造就了丝绸之府、鱼米之乡的灿烂历史。湖州桑基鱼塘系统是湖州先民顺应自然、治水兴农的伟大生态工程，是全球治理低洼湿地、打造可持续发展绿色农业生态系统的典范，于2018年获得联合国粮农组织授牌的全球重要农业文化遗产。区域内有联合国粮农组织亚太地区综合养鱼培训中心的桑基鱼塘教学基地。这里不仅是桑基鱼塘系统文化的保护发展基地，更是传承天人合一、利用厚生生态理念、激励农耕文化创新、促进现代农业的可持续发展典范，向国内外展现出古老的农耕文明智慧。

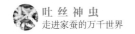
绕塘而种的桑树婀娜多姿、风情万种，掩映于桑枝下的凉亭、细如羊肠的阡道、桑林中忙碌的采桑人，构成了一幅闲适而生动的农耕画卷。

生态治理

桑树可谓是中华文明韧性的代表，它可以在肥沃的土壤中生长，也可以在贫瘠的风沙中屹立，在石缝中扎根。近年来桑树在我国防风治沙、尾矿修复、生态治理事业中起到了重要的作用。人们不得不惊叹桑树生命力之强大。

1	2
3	4

图 1　沙漠治理——新疆策勒沙漠研究站的沙漠桑
图 2　盐碱地治理——新疆克拉玛依盐碱地上种植 5 年的桑树
图 3　石漠化治理——重庆黔江阿蓬江镇石汇村种植桑树
图 4　矿山修复——河北迁安大石河尾矿闭坑后种植数万株沙棘、条桑等

③ 蚕宝宝的物尽其用

蚕宝宝之所以被称为"宝宝"，除了因为它娇贵的习性和那憨态可掬的"宝宝相"，也因为它所蕴含的巨大宝藏。其实蚕为人类服务的方式并不限于吐丝结茧，它在一生中所产生的众多看似无用的东西，实际也都是宝贵的资源财富，就看我们如何去认识并利用。

⫻ 白僵蚕

白僵蚕，是家蚕幼虫自然感染（或人为接种）白僵菌（*Beauveria bassiana*）而僵死的干燥全虫，也称僵虫。它实际上是得了白僵病后，通体被白色的分生孢子所覆盖的死蚕。对蚕而言，这是一种极具传染性和危害性的真菌病，一旦有几只蚕感染了白僵病，整批蚕就很可能全军覆没，让蚕农颗粒无收。

白僵蚕

 小知识

白僵病的发病机制

白僵菌孢子附着在蚕体上，萌发后穿过体壁，侵入蚕体，然后大量繁殖，耗尽蚕体内的营养，致其死亡。蚕死后僵直，白僵菌分生孢子又会从其体内长出，通过空气传播再传染别的蚕体。利用这个原理，在现代农业中，白僵菌已成为防治作物害虫最有效的生物农药之一，具有高选择性、安全无残留、无抗药性等优势，在国内外广泛用于控制玉米螟、苹果食心虫、松褐天牛等害虫。

不过，白僵蚕又是一味很好的中药，在古医书中就有记载，其具有祛风解痉、化痰散结的功效，主治中风失音、惊痫、头风、喉风、喉痹、瘰疬、瘾疹、丹毒、乳腺炎等。如今正常情况下，做中药用的白僵蚕是专门人工接种白僵菌的，且产区也会与普通的蚕茧产区相隔很远，以避免疾病传染。

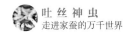

1	2
3	4

图 1 感染白僵菌的鳃金龟
图 2 感染白僵菌的椰心叶甲成虫
图 3 感染白僵菌的甜菜夜蛾幼虫
图 4 感染白僵菌的马尾松毛虫

左图 白僵菌杀虫剂
中图 不同规格的白僵菌粉炮
右图 林区喷洒白僵菌

　　目前市场上也有纯蚕粉保健品，其以满足特定条件的鲜活健康五龄蚕为原料，经干燥磨制后，用现代生物技术精制而成，完整地保留了天然有效成分（如疏水性多肽、18 种以上氨基酸、超氧化物歧化酶、凝集素、海藻糖等）的活性，所含的关键有效物质（如 DNJ 等）具有降糖、降血脂等功能。

　　除此之外，还可以通过现代分子生物学技术将蚕用作生物反应器，这一点将在后续章节中进行详细介绍。

无限生机 篇

蚕沙

蚕沙，即家蚕的粪便，呈短圆柱形，长 2～5mm，直径 1.5～3mm。表面灰黑色、粗糙，有 6 条明显的纵棱及 3～4 条横向的浅纹，两端略平坦。质坚而脆，潮湿后易散碎，微有青草气。饲养 1 张蚕种（10g 蚁量，25000 条蚕），全龄期可获得 100～150kg 新鲜蚕粪，风干后可得到 50～55kg 风干蚕沙或 45kg 左右的干燥蚕沙。

蚕沙是一味传统中药材，中医认为其具有祛风除湿、和胃化浊功效，主治风湿痹痛、风疹瘙痒、皮肤不仁、关节不遂、吐泻转筋等症。传统蚕区一直有用蚕沙做枕头的习惯，现在则有更多用蚕沙辅以其他中药制作的新型蚕沙枕售卖。使用时，头部的温度和压力使枕内药物有效成分缓慢释放，通过呼吸和皮肤渗透起效；同时，蚕沙颗粒的物理形态也能刺激头颈部的经脉穴位，使人气血通畅、脏腑安和。

做中药和药枕的蚕沙一般为蚕宝宝三眠到四眠时的粪便，这种蚕沙是桑叶在蚕体内充分消化加工后的产物，药效最佳，含水量也较低。随着蚕龄的增长，蚕的消化率越来越低，其粪便中未经加工的成分也越来越多，即所含桑叶成分越来越高，作为蚕沙的药效自然也越来越差。但这并不意味着大蚕的蚕沙就没用了。从绝对数量来看，大蚕的蚕沙要占总蚕沙量的 85% 以上，

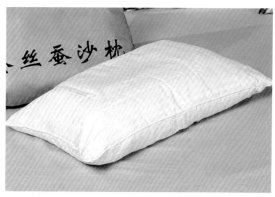

左图　蚕沙

右图　蚕沙枕

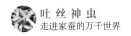
其才是蚕沙利用的关键。大蚕沙最简单、经济效益较低的利用方式是作为有机肥直接施到田地里。在水产业比较发达的蚕区，大蚕沙用作鱼饲料也是不错的选择，经鱼二次消化后形成的塘泥再作为有机肥施给桑树，这便是上节介绍的"桑基鱼塘"模式。

更进一步地，蚕沙中既有未消化的桑叶成分，又有经蚕体生物反应后形成的多种激素成分，通过现代科技手段，可以从中提取到叶绿素及其衍生物、三十烷醇、维生素K、果胶、类胡萝卜素和生长素等物质，从而带来巨大的经济效益。其中，产业化最成熟的是从蚕沙中提取叶绿素铜钠盐并用于医药领域。叶绿素铜钠盐可用来治疗肝炎、胃溃疡、十二指肠溃疡、急性胰腺炎、慢性肾炎等疾病，以及各种病因导致的白细胞水平下降，并能促进血红蛋白的合成。叶绿素铜钠盐制成外用软膏，可治疗烧伤及烫伤、稻田性皮炎、脉管炎、痔疮等皮肤病。美国药物目录中有 30 种以上配方含叶绿素衍生物。

从蚕沙中提取得到的叶绿素铜钠盐

叶绿素是一种天然色素，是植物光合作用的基本物质。叶绿素铜钠盐是一种从蚕沙等天然原料中提取而来的半合成色素，是重要的食品添加剂、工业原料和药物原料。

蚕蛹

蚕蛹最为大家所熟知的利用形式就是作为食品。它是一种新营养源，也是作为普通食品管理的食品新资源名单中唯一的昆虫类食品。

无限生机 篇

蚕蛹具有极高的营养价值，含有丰富的蛋白质（鲜蚕蛹中粗蛋白占51%）、脂肪酸（粗脂肪占29%）、维生素（包括维生素A、维生素B_2、维生素D及麦角甾醇等）。蚕蛹中的蛋白质含量远超一般食物，而且所含氨基酸很全面，共有18种，包含人体必需的8种氨基酸；比例适当，适合人体的需要，符合联合国粮农组织和世界卫生组织对食物营养的要求，是一种优质的昆虫蛋白质。此外，蚕蛹还含有钾、钠、钙、镁、铁、铜、锌、磷、硒等微量元素，这些都是人体不可缺少的。美国有人利用蚕蛹做"巧克力"馅心。法国有人把蚕蛹与食用蜗牛一样当作美味珍品。在我国，有的地区人们非常喜欢吃炸蚕蛹。目前，以蚕蛹为食材的菜肴多种多样，令人垂涎欲滴。

蚕蛹具有很高的药用价值。蚕蛹在《本草纲目》《日华子本草》《东医宝鉴》《医林纂要》等古代医药经典著作中均有详细记载。蚕蛹具有生津止渴、杀虫疗疳、消食理气等功效，可用于治疗小儿疳瘦，长肌，退热，除蛔虫，止消渴等。蚕蛹油是从蚕蛹中提炼出的一种混合性油脂，外观黄红色。蚕蛹油中含有高达60%的不饱和脂肪酸，其主要成分有α-亚麻酸、油酸、亚油酸等，具有深海鱼油的特点。食品功能学及营养学研究表明，α-亚麻酸具有重要的保健功能：降低血脂、胆固醇和血压，预防心血管疾病；抑制血小板凝集，预防血栓形成与中风；增强视网膜的反射能力，预防视力退化；增强记忆等。

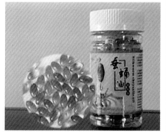

左图 蚕蛹菜肴
中图 蚕蛹油商品
右图 蚕蛹提取物胶囊

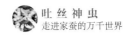

蛹虫草

大家应该都听过冬虫夏草
（*Cordyceps sinensis*），它是麦
角菌科、虫草属真菌冬虫夏草菌
寄生在蝙蝠蛾科昆虫幼虫上的子
座与幼虫尸体的复合体，是一种
传统的名贵滋补中药材，有调节
免疫系统功能、抗肿瘤、抗疲劳
等多种功效，深受消费者青睐。

冬虫夏草

但对生长地理环境的特殊要求以及严格的寄生性，造成冬虫夏草资源极其稀
少，加之采收的不易，更使得野生冬虫夏草十分珍贵，价格高昂。因需求的
扩大及连年的滥采滥挖，冬虫夏草现已处于极度濒危的境地，为二级国家重
点保护物种。

而蛹虫草（*Cordyceps militaris*）是麦角菌科、虫草属真菌蛹虫草菌寄
生在鳞翅目昆虫蛹上形成的复合体，又名北冬虫夏草、北虫草，简称蛹草。
蛹虫草由子座（即草部分）与菌核（即虫的尸体部分）两部分组成。野生的
蛹虫草在世界各地均有分布但较为稀少。科学家通过在家蚕蛹上接种虫草
菌，模拟虫草自然生长环境，已成功实现了蛹虫草的人工栽培，且药理药效
与野生种相似甚至更好，这是一次传统中医与现代生物技术的完美结合。

蛹虫草与冬虫夏草在化学成分种类和含量上大致相同，其药用价值完全
不亚于冬虫夏草，现今已有许多研究认为蛹虫草可以作为冬虫夏草的替代
品。蛹虫草中含有多种活性成分，包括虫草素、虫草酸、虫草多糖、麦角甾
醇、腺苷、超氧化物歧化酶、黄酮类物质、胡萝卜素及多种微量元素等。它
具有扩张气管、镇静、抗各类细菌、降血压的作用。大量的科学实践证明，
蛹虫草还可以显著地抑制癌细胞的生长。

蛹虫草、冬虫夏草的有效成分含量及其功能

有效成分	蛹虫草含量	冬虫夏草含量	功能
虫草素（3-脱氧腺苷）	0.053%	0.001%	抗病毒，抗菌，抑制肿瘤生长，干扰人体RNA及DNA合成
虫草酸（D-甘露醇）	4%～7%	6.49%	预防和治疗脑血栓、脑出血、肾功能衰竭，利尿
腺苷	0.078%	0.015%	抗病毒，抗菌，预防和治疗脑血栓、脑出血，抑制血小板聚集，防止血栓形成，消除面斑，抗衰防皱
虫草多糖	4%～10%	10%	提高免疫力，延缓衰老，保护心脏、肝脏，抗痉
麦角甾醇	1.18 mg/g	1.22 mg/g	抗癌，抗衰老，减毒
超氧化物歧化酶（SOD）	40 U/mg	15 U/mg	抑制或消除催人衰老的超氧自由基形成，抗癌，抗衰老，减毒
硒（Se）	3×10^{-7}～3.5×10^{-5}	2×10^{-8}～1.4×10^{-7}	国际医学界公认的抗癌元素，也是重要的抗氧化剂，能增强人体免疫力

蛹虫草及其生产车间

上图　雄蚕蛾中药材
中图　蚕蛾公补片
下图　雄蚕蛾养生酒

✎ 蚕蛾

蚕蛾是蚕生命周期的最后阶段，在实际生产中往往为蚕种场制种后的副产物。一般为防止微粒子病的传播，母蛾会被取样进行微粒子病检查，其余蚕蛾做适当处理也可成为十分可贵的资源。目前蚕蛾的利用多以雄蛾为主。

蚕蛾在中医药方面的应用自古就有记载。中国古代称雄蚕蛾为"壮阳神虫"。雄蚕蛾制品有利于调节人体内分泌，增强人体免疫力，促进器官功能正常化，延缓衰老。作为药食两用昆虫，蚕蛾在生物源保健品领域有着广阔的开发前景，现阶段已上市的产品就有药品、口服液、保健酒和保健食品等，如复合雄蚕蛾荔枝汁运动饮料。

4 蚕丝的千变万化

千百年来，人们种桑养蚕、收茧缫丝就是为了得到蚕丝，再将蚕丝纺织成精美的丝绸制品进行交易，这是整个蚕桑产业中最根本、最重要的一环。然而随着社会需求的多元化和各类纺织纤维材料的发展，丝绸的需求和应用场景都受到了严重的冲击，这个古老的产业链也显得有些龙钟了。同时在传统的丝绸生产过程中，存在大量无法缫丝的下茧、削口茧、茧衣等，以及缫丝过程中排放的丝胶废液。这会造成巨大的资源浪费和环境污染。以上种种都在催促着蚕桑产业的科技创新，要求其往多元化、高值化的方向发展，也催生出了蚕丝材料的千变万化，让现代蚕桑产业展现出一片拥有无限未来的新气象。

蚕丝结构组成及特点

蚕丝虽然粗细还不及头发丝的 1/5（直径 13～18μm），却有着复杂且严格分级的内部结构，它由两股质量占 70%～75% 的丝素蛋白纤维内芯和外层包覆的占 25%～30% 的丝胶蛋白组成，两者均由 18 种氨基酸构成，是优质的天然高分子蛋白质，但两者的氨基酸含量分布不同。

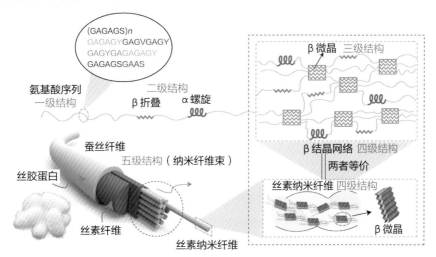

蚕丝纤维的五级分级结构

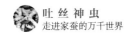
丝素蛋白和丝胶蛋白的氨基酸组成及含量

单位：%

氨基酸	丝素蛋白		丝胶蛋白	
	绢丝腺	茧丝	绢丝腺	茧丝
甘氨酸	46.53	41.81	12.27	13.75
丙氨酸	30.04	27.03	4.33	4.90
丝氨酸	8.69	12.45	32.62	33.31
酪氨酸	4.44	6.44	3.12	2.97
缬氨酸*	2.10	3.04	2.92	2.02
亮氨酸*	0.36	0.32	1.32	0.80
异亮氨酸*	0.29	0.31	1.01	0.91
苯丙氨酸*	0.64	0.66	1.64	1.07
蛋氨酸*	0.25	0.70	0.97	0.87
色氨酸*	0.54	0.60	0.80	0.50
脯氨酸	0.20	0.34	1.60	1.40
胱氨酸	0.35	0.30	0.20	0.20
苏氨酸*	0.56	0.58	6.64	8.07
天冬氨酸	1.00	1.23	18.55	19.62
谷氨酸	1.33	1.29	4.83	3.25
组氨酸	0.16	0.36	2.60	1.91
赖氨酸*	0.26	0.71	1.16	0.87
精氨酸	1.56	1.83	3.52	3.58

注：带*者为人体必需氨基酸。

　　随着现代生命科学和材料科学的发展，蚕丝蛋白作为一类天然生物大分子蛋白质，被发现具备出色的机械性能、良好的生物相容性、生物降解性以及结构调整的多功能性，是一种极具潜力的新型天然医用材料。蚕丝蛋白已经在1993年被美国食品和药物管理局（FDA）确认为生物材料。

// 蚕丝蛋白功能开发

通过溶解、分离、纯化等处理，可以从蚕丝中获得丝胶蛋白和丝素蛋白，用于加工制成溶液、薄膜、凝胶、支架、粉末等多种形态的功能材料，以拓宽蚕丝在食品、医疗、卫生、工业、农业等领域的用途，促进蚕丝产品的多元化发展。

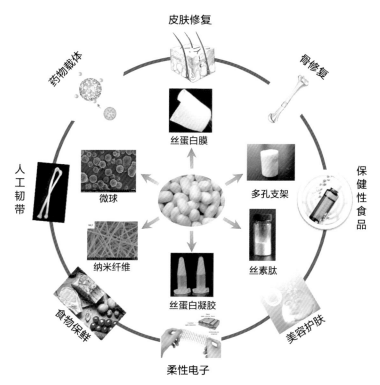

蚕丝蛋白的多元化应用

早期，日本对蚕丝蛋白在食品领域的应用研究较多，将其作为食品添加剂制成蚕丝面条、蚕丝饼干、蚕丝巧克力等。随后，有研究通过涂膜形式将蚕丝蛋白用作保鲜剂，发现该方法可有效延长水果蔬菜的保鲜期。

近年来，国内外众多科研团队还开展了蚕丝蛋白隐形眼镜、人造血管、人造皮肤、人造骨骼等功能材料的研究，但由于对这些材料的安全性要求较

添加了蚕丝蛋白的果汁、饼干、白巧克力

蚕丝外科支架和丝蛋白声带修复注射剂

高，需要在人体上进行临床试验，故当前产业化产品较少，仅有两款蚕丝蛋白Ⅲ类医疗器械获得了美国FDA认证，可上市销售。

相比之下，蚕丝蛋白在化妆品中的应用较多。国内外市场上出现了大量蚕丝类化妆品和沐浴产品，如蚕丝洗面奶、丝素保湿乳液、蚕丝面膜、蚕丝蛋白洗发水等。近年来，关于柞蚕丝功能材料的研究和利用也受到越来越多的重视，如利用柞蚕丝素的抗紫外线功能，制备含柞蚕丝素粉的化妆品，以延缓皮肤衰老。

各类蚕丝蛋白化妆品

随着加工技术的不断成熟，蚕丝蛋白功能材料的产品会被越来越多地开发、应用于医疗、卫生等多个领域，造福于人类。

⑤ 现代蚕业生物科技

// 彩色茧

以前我们看到的蚕茧往往都是白色的，缫制出来的蚕丝也是白色的，然后再染色加工编织成各类丝绸制品。而在目前的蚕业生产中出现了很多彩色的蚕茧，有时候甚至连蚕宝宝都是彩色的，这些彩色的蚕茧和蚕宝宝到底是如何产生的呢？

目前彩色茧的产生主要有三种途径：转基因技术、天然彩色茧、色素添食法。

◎ 转基因技术

转基因技术是一种培育新品种的技术。提取特定生物体中所需要的目的基因或人工合成指定序列的基因片段，将其转入要培育的生物中，与其本身的基因组进行重组，使之产生可预期的、定向的遗传性状，从而获得人们需要的性状，培育出新品种。转基因技术是现代农业生物技术的核心组成部分。

转基因家蚕是当前生物工程技术发展的最新成果，代表着未来的发展方向，但该方法在稳定导入色素的同时，也改变了蚕丝的结构，或多或少地影响到蚕丝的加工，甚至产生新的技术难题。目前，国内外许多科研单位尝试用转基因手段培育新型彩色茧家蚕品种。经过多年的探索和研究，日本科学家在 21 世纪初首次成功地将绿色荧光蛋白（green fluorescent protein, GFP）基因在家蚕丝素中表达，该蚕丝在可见光下为白色，荧光灯下为绿色，可用于晚礼服的制作。随后我国西南大学科研团队将增强型绿色荧光蛋白基因通过 piggyBac 转座子系统转入绿茧家蚕品种，成功获得了在丝腺中特异性高表达绿色荧光蛋白的转基因家蚕绿茧。其特征为：茧在自然光下呈淡绿色，在荧光下为鲜艳的荧光绿色，故命名为"西绿"。随后，科研团队又尝试把红色荧光蛋白基因转入家蚕，但是因转座子在基因组上随机跳跃，品种的性状存在不稳定、易退化的现象。随着科学技术的不断更新发展，锌指核酸酶、转录激活因子样效应物核酸酶（TALENs）、规律间隔成簇短回文重复序列及其相关蛋白系9（CRISPR/Cas9）等新的基因组编辑技术出现，转基因的效率提高、性状更稳定。相信在不久的将来，人们一定会创造出丰富多彩的新型彩色茧家蚕品种。

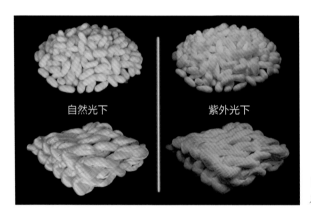

自然光下　　　　　紫外光下

自然光和荧光下的"西绿"蚕茧及蚕丝颜色

◎ 天然彩色茧

天然彩色茧早在桑蚕茧开始应用时就已被发现，但在目前国际市场上作为"纤维皇后"的蚕丝大部分是白蚕丝，天然彩色茧丝所占比例极少。不过随着人们生活水平的提高与消费观念的改变，天然彩色织物给纺织领域带来了一场"绿色革命"，关于天然彩色茧的研究逐渐成为新的热点，其产品也呈现出很大的市场潜力和广阔的商业前景。

天然彩色茧的丰富色彩源于古桑蚕模拟各自特殊的生活环境而形成的特有的蚕茧保护色，这些保护色的作用是增强蚕蛹对敌害、病害和不良环境的抵抗能力，是生态意义上的需要。然而，彩色茧因产量低、蚕丝质量差、体质弱等问题，不能直接为生产所用，但研究人员通过现代育种技术已经培育出多种实用的天然彩色茧家蚕新品种。利用天然彩色茧生产出绚丽多彩、绿色低碳的蚕丝产品，是提升我国传统蚕桑产业的途径之一。

无限生机篇

家蚕天然彩色茧主要分为黄红茧系和绿茧系两大类。黄红茧系包括淡黄色、金黄色、肉色、红色、蒿色等，其茧色源于桑叶中的类胡萝卜素。家蚕本身不能合成类胡萝卜素，一些具有特定基因的家蚕幼虫的中肠能够吸收桑叶中的类胡萝卜素，再通过血液运输到丝腺，最终到达丝腺细胞，形成了黄红茧。家蚕彩色茧中的类胡萝卜素有非极性的胡萝卜素和极性的叶黄素类色素，因两者比例不同，蚕茧可呈现从红色至黄色的不同颜色。绿茧系的茧色则是来自体内生成的黄酮类色素，因不同品种的基因不同，绿茧系颜色差异也很大，有荧光绿色、淡竹色、绿色等，其色素分布于丝胶及丝素中。

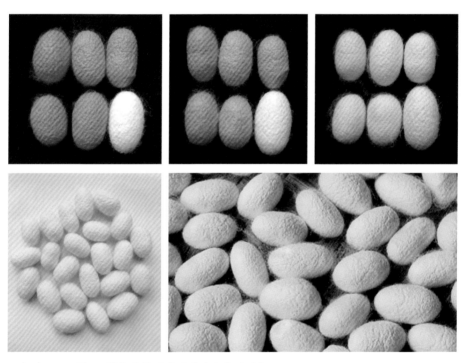

1	2	3
4		5

图 1　橘红色茧（右下角为白茧对照）

图 2　粉红色茧（右下角为白茧对照）

图 3　淡绿色茧（右下角为白茧对照）

图 4　柠檬黄色茧

图 5　绿茧

天然彩色茧丝由于含有特有的类胡萝卜素、类黄酮等多种功能性活性物质，除了具有天然的艳丽色彩外，还具有多种优良特性：更高的SOD活性（绿茧丝的SOD活性比棉纤维高30倍，超过白茧丝近3倍；黄茧丝的SOD活性比棉纤维高15倍，超过白茧丝50%）、更好的抗菌效果、更强的防紫外线能力等。

家蚕天然彩色茧丝的抑菌率

单位：%

细菌种类	棉纤维	白茧丝	绿茧丝	黄茧丝
黄色葡萄糖球菌	37.2	72.1	99.3	92.8
耐甲氧西林金黄色葡萄球菌	41.0	69.8	99.7	98.6
绿脓菌	29.4	66.6	99.8	97.1
大肠杆菌	45.2	67.2	98.4	93.7
枯草杆菌	39.4	65.3	97.8	91.8
黑色枯草芽孢杆菌（G+）	36.7	78.4	98.9	94.3

浙江大学动物科学学院对天然彩色茧家蚕品种的基础材料研究始于21世纪初。研究人员首先在应用分子生物学技术研究天然彩色茧的色素形成机制和遗传机制的基础上，创造了家蚕红色、黄色、绿色、粉红色、橘黄色等天然彩色茧的系列基础蚕品种，随后开展了彩色茧系列蚕品种的选育，形成了红色、黄色、绿色天然彩色茧实用蚕品种，其中金黄色茧实用蚕品种金秋×初日在全国第一个量产并逐步在各地推广。

原种金秋（A）、原种初日（B）、杂交种金秋×初日蚕茧（C）及金秋×初日与秋丰×白玉（D）的蚕丝对比

虽然天然彩色茧丝的颜色非常艳丽，但是由于天然色素的特性，遇到强碱会褪色，长期在光照下也会慢慢褪色。因此，彩色茧的加工技术与传统的白茧加工技术不同，彩色茧加工技术的研发主要集中在保色脱胶方面。

目前主要的天然彩色茧丝产品有黄金丝绵被、黄色系列绸布及天然彩色平面丝等。市场上销售的黄金丝绵被多为金秋×初日的金黄色茧加工而成，黄色茧开绵时不能用常规的强碱脱胶技术，而应用保色脱胶新技术。蚕茧刚刚去蛹时，蚕丝仍保持鲜黄色，但脱胶后的丝绵颜色会淡很多（蚕丝的外层包裹着水溶性丝胶，在丝绵制作过程中需要把大部分的丝胶去掉，以防止后续应用过程中丝绵吸湿板结硬化）。如果你看到颜色艳丽的黄金丝绵被，那大概率不是天然的颜色，而是后期染色的。

左图　未脱胶的丝绵
中图　脱胶后的丝绵
右图　黄金丝绵被产品

彩色茧虽然富含类胡萝卜素和黄酮类色素，与白茧相比具有较高的抑菌性能和抗氧化活性，但其光照色牢度较差。因此，彩色茧丝丝绸面料开发应用以贴身内衣及床上用品为主，更符合人体舒适保健的功能需求。组织结构常采用梭织提花、针织色织，通过织物的组织结构变化和制造工艺形成提花面料，产生起伏、明暗的效果。已经研发上市的产品有桑波缎、黄金丝花萝被套、睡衣面料等。

1 | 2
3 | 4

图1 黄金丝花萝被套
图2 "黄金富贵"蚕丝面料
图3 黄金丝巾
图4 黄金丝睡衣

◎ 色素添食法

　　因为桑叶中的天然色素种类有限，控制蚕宝宝色素吸收和合成的基因也有限。天然彩色茧的颜色都是蚕宝宝在吃普通的桑叶、与普通白茧一样饲养的情况下产生的天然色。想让蚕宝宝吐出更多色彩缤纷的蚕丝有什么其他办法吗？有，那就是色素添食技术。就是在家蚕饲养的过程中，人工添加经过筛选和处理过的各类色素，这些色素在家蚕体内转运吸收后会改变丝腺着色特性，从而产生各类有色蚕茧。由于家蚕是对化学物质极为敏感的昆虫，对于所添加的色素，只要蚕食下后无毒性反应，就是安全无毒、生态环保型的试剂。但是一般的色素食下后就直接随粪便排出，并不能被吸收到体内，更不能到达丝腺与丝素蛋白结合，所以不能产出彩色茧。因此首先要筛选一些既无毒又能被蚕体吸收并进入丝腺的色素。色素添食法的主要优势在于可以简单地通过改变添食色素的配方来获得各类色泽和色深不同的彩色茧。但这种方法会对环境造成污染，不符合当前"资源节约，环境友好"的发展理念，通常只用于宠物蚕培育或生物试验。

　　大多数色素加到蚕宝宝的桑叶里是不会被吸收的，如家用的洋红、苋菜红、日落黄、墨汁等，有的色素可以通过蚕的中肠进入血液使蚕体着色，但基本不被丝腺吸收，所以蚕茧基本没有颜色，如中性红等。

　　目前人们已发现有多种生物染料可以通过中肠吸收被转运到丝腺，让蚕吐出颜色艳丽的蚕丝，如罗丹明、耐尔蓝、苯酚红等。具体方法是在蚕养到五龄第三天时开始添食色素，将浓度比例合适的色素喷洒到新鲜的桑叶上，或者把色素混在人工饲料里，一直喂养至熟蚕结茧，就可以观察到彩色的蚕宝宝和蚕茧了。

　　将色素添食法和天然彩色茧家蚕品种结合，有时可以得到意想不到的结果。如用罗丹明添食白茧家蚕品种，可得到粉红色的蚕茧，而用罗丹明添食红茧家蚕品种则可以得到玫红色的蚕茧；用苯酚红添食的蚕颜色变化不大，但丝腺着色很深，茧色也很鲜艳；耐尔蓝添食白茧家蚕品种的蚕茧为淡蓝色，耐尔蓝添食淡绿色茧家蚕品种的蚕茧则为油绿色。

左图　白茧家蚕品种＋罗丹明的蚕茧
　　　（右下角为白茧对照）

右图　红茧家蚕品种＋罗丹明的蚕茧
　　　（右下角为白茧对照）

苯酚红添食的蚕、丝腺和蚕茧

耐尔蓝添食白茧家蚕品种的蚕、丝腺和蚕茧（下中为白茧对照）

耐尔蓝添食淡绿色茧家蚕品种的蚕、丝腺和蚕茧

平面丝

平面丝又称平板丝，是打破蚕吐丝结茧的生理习性让蚕不再"作茧自缚"，将丝吐于平面物体上形成方形、圆形、艺术造型等形状的平面"丝绢"。平面丝制作工艺流程会因需求不同而有所差异，关键是不让吐丝的蚕有支撑点形成蚕茧，而是在一个平面上爬行吐丝（具体的操作方式可参考本书第八章中"家蚕吐平面丝实验"内容）。

左图　供蚕吐平面丝的多层平台
中图　平面丝成品
右图　正在吐平面丝的蚕

成熟的平面丝制作技术常见于蚕丝绵被的生产。平面丝经过煮练脱胶－反复漂洗－脱水烘干后可制成上等的丝绵，根据需求平铺拉制后，再缝合被套、手工定位等即可成为上等的纯手工蚕丝被。

平面丝制成的蚕丝被的单丝长可超1000m，丝丝经纬无规则交错，不形成特定纹路，蓬松度好、吸湿性强，具有优良的透气性和保暖性。因平面丝与蚕蛹分离，煮练过程中无蚕蛹分泌出的油脂，所以含油率远远低于《蚕丝被》（GB/T 24252—2019）中1.2%的优等品标准，甚至为0，故蚕丝被在使用过程中不会因为蚕蛹油而产生难闻的气味，且不易板结收缩，使用年限长，贴身感和舒适性较好。

较薄的平面丝也可以加工成书画丝纸等工艺品，天然平面丝还可制作成面膜。

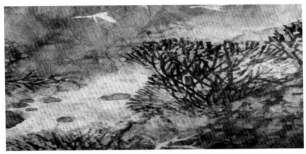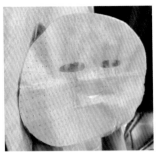

左图　平面丝绘画艺术作品
右图　平面丝面膜

人工饲料工厂化养蚕

蚕宝宝很挑食，几乎只吃新鲜的桑叶，因此大规模养蚕时需要附近有大片桑园来提供饲料，但桑园又很容易受到气候环境的限制、病虫害的侵扰以及产量和成本的制约。传统生产作业方式远不能适应现代农业转型升级和农业结构调整的发展需要。

基于这样的背景，研究人员在60多年前就开始尝试研发人工饲料来喂养蚕宝宝，以摆脱养蚕业对于桑叶的长期依赖。家蚕人工饲料是根据家蚕的食性特点和营养需求，用适当的原料和特定的工艺加工而成的、代替桑叶的饲料，又叫家蚕配合饲料。按照饲养家蚕的时期不同，可以将人工饲料养蚕分为小蚕人工饲料育和全龄人工饲料育；按照生产方式不同，可以将人工饲料养蚕分为传统的家庭式人工饲料育和工厂化人工饲料育。从长远来看，全龄人工饲料工厂化养蚕将是未来养蚕业发展的方向。

所谓全龄人工饲料工厂化养蚕，就是采用工厂化的生产方式，通过喂食人工饲料使家蚕顺利生长发育并完成生活史，产出蚕茧。这意味着沿袭了5000多年的传统蚕桑生产方式将发生根本性改变，相当于把蚕茧这一依赖动植物生长规律的传统农产品变成了工厂车间里生产出来的鲜活工业品。种桑、养蚕可以分离，养蚕不再直接饲喂新鲜桑叶，彻底摆脱了养蚕对季节、气候、土地等自然环境因素的依赖，能够实现全年滚动式按需生产。

现如今，关于人工饲料工厂化养蚕技术体系的研究已取得了很多成果，许多全龄期使用人工饲料的规模化养蚕工厂也已建成投产。其中浙江嵊州巴贝集团在 2019 年就召开成果发布会，宣布其在全球范围内首次实现了全龄人工饲料工厂化养蚕。截至 2019 年 12 月底，巴贝集团已人工饲料工厂化养蚕生产蚕茧 1980t，且茧丝质优，等级全部在 5 A 及以上。

左图　嵊州巴贝集团的养蚕成果展示
右图　正在吃人工饲料的蚕宝宝

未来，随着我国工业化和城市化的持续推进、科技的不断发展，人工饲料养蚕将得到更大的推广。2020 年 9 月国家六部委印发的《蚕桑丝绸产业高质量发展行动计划（2021—2025 年）》中明确指出："到 2025 年，全龄饲料工厂化养蚕的鲜茧产量在我国桑蚕鲜茧总产量中的占比达 10% 左右。"

家蚕生物反应器

生物反应器，是指利用酶或生物体（如微生物、动植物细胞等）所具有的特殊功能，在体外进行生物化学反应的装置系统。比如研究较为成熟的乳腺生物反应器，就是将所需的目的基因构建入载体，加上适当的调控序列，转入动物胚胎细胞，使转基因动物分泌的乳汁中含有所需要药用蛋白，从而实现对所需药物的高效低成本生产。

家蚕作为一种鳞翅目蚕蛾科昆虫，具有开放式血管系统，由纤薄而强韧的表皮层包围着一个充满血淋巴及各种器官的空间，整条蚕就像一套完全

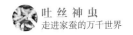

能调节的极其微妙的生物反应器，吃进饲料（桑叶），合成蛋白质（丝蛋白等）。因具备高效表达、安全性好、易于产业化生产、表达产物稳定等优势，家蚕逐渐被开发为一类优异的生物反应器，用于生产各种对人类有用的生物活性物质，如生物药品、生物疫苗、保健食品等，以满足人类疾病的治疗、预防需求和人体保健需求。

家蚕生物反应器主要有2种：①采用家蚕核型多角体病毒（*Bombyx mori* nuclear polyhedrosis virus，BmNPV）表达系统表达外源蛋白，家蚕作为BmNPV增殖的载体；②利用家蚕丝腺本身表达外源蛋白，即家蚕丝腺生物反应器。

家蚕核型多角体病毒表达系统最早在1984年由Meada提出并建立，他利用NPV系统首次在家蚕中表达了人α–干扰素基因，该基因的表达产物具有原始的生物学活性，且表达量相较于其他真核表达体系要高出近千倍，展示出了显著的优势。从此，BmNPV开始兴起并得到了快速的发展。到目前为止，已经有很多成功的案例：①人体疫苗基因的表达，利用重组的BmNPV在家蚕幼虫及蛹中高效表达具有生理活性的乙型肝炎表面抗原（HBsAg），每条幼虫的表达量为750μg，每个蛹的表达量为690μg；②药用蛋白基因的表达，将人生长激素的cDNA插入到BmNPV启动子的下游，获得的重组BmNPV hGH（人生长激素）在家蚕幼虫每毫升血淋巴液中的表达量为160μg；③兽药用蛋白基因的表达，为了降低猪生长激素成本，利用家蚕成功地生产了雌激素；④还有丙型肝炎抗原蛋白、人粒细胞–巨噬细胞集落刺激因子（hGM-CSF，具有调节造血细胞的功能，对癌症、白血病、艾滋病等多种疾病有治疗或辅助治疗的效果）、促红细胞生成素（EPO）、组织因子途径抑制物（TFPI）等都已经成功地通过构建家蚕生物反应器进行表达。

 小知识

BmNPV 表达系统原理

家蚕核型多角体病毒是一种家蚕极易感染的病毒，感染该病毒后家蚕很快发病。这说明*BmNPV*基因在家蚕体内增殖快，表达迅速。利用基因工程将需要的外源基因插入*BmNPV*基因组中，对其进行适当改造，当病毒大量合成表达蛋白时，外源蛋白也会同时表达，而外源蛋白正是我们所需要的。

家蚕丝腺生物反应器：通过转基因技术将外源目的基因导入家蚕丝腺基因中并表达，再从家蚕的丝腺或蚕茧中分离纯化目的蛋白。转基因家蚕个体通过多代筛选培育可以得到具有稳定遗传性状（表达特定目的蛋白的性状）的家蚕品种，便于稳定、规模化地生产目的蛋白。目前人Ⅲ型胶原蛋白、人碱性成纤维细胞生长因子、猫干扰素、人乳铁蛋白等都已经成功地在蚕的丝腺中得到高效表达，不久的将来就可以造福于人类。

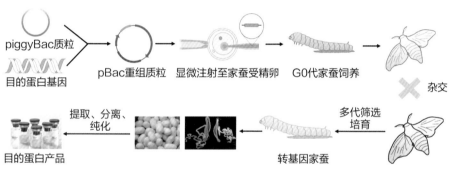

家蚕丝腺生物反应器生产目的蛋白的流程

﹍ 特种蚕丝

◎ 具有生物钙化能力的蚕丝

蚕丝蛋白不仅可用于纺织生产，也被广泛用作生物材料，它与哺乳动物细胞的高度相容性使其成为目前生物高分子材料研究的热点之一。长久以来，基于丝素蛋白的医学缝合线、用于软骨细胞分布和软骨再生的支架材料等，采用的都是原生态的蚕丝。然而近年来的研究表明，原始家蚕生丝融合了钙结合序列$[(AGSGAG)_4E_8AS]_4$后，其具有显著促进骨修复的作用。

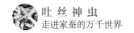
骨再生相关的医学材料需求越来越大，这些材料具有一些非常重要的特征，包括生物相容性、多孔性及机械性能。家蚕丝蛋白具有优越的机械性能，是一种非常理想的医学生物材料，且其本身也具有钙结合位点结构，但并不能满足矿化作用的发生。利用转基因技术将具有钙离子结合能力的序列 $[(AGSGAG)_6ASEYDYDDDSDDDDEWD]_2$ 导入家蚕，该蚕生产的具有生物矿化功能的蚕丝可直接用作医用材料。

以piggyBac转座子为转基因载体，将外源基因插到生物体基因组中的方法已经逐渐成为家蚕转基因的主导手段。浙江大学动物科学学院的研究人员将家蚕丝素蛋白一级结构的结晶片段（AGSGAG）$_6$与珠母贝壳蛋白MSI60中的氨基酸序列（YDYDDDSDDDDEWD）组合，设计出一种能够促进生物矿化功能的重组丝蛋白，其一级序列为 [（AGSGAG）$_6$-ASEYDYDDDSDDDDEWD]$_n$。通过结晶区与钙结合氨基酸片段的组合，把重组丝设计成层状（lamellar）结构，即（AGSGAG）$_6$形成 β－折叠，而钙结合氨基酸序列暴露在 β－折叠结晶区外，与钙离子结合促进羟基磷灰石结晶的形成。

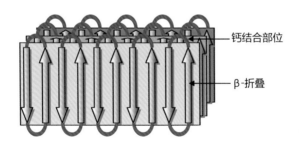

钙结合部位

β-折叠

重组丝蛋白的层状结构

对转基因家蚕丝素蛋白性能的表征表明：转基因丝素蛋白钙离子结合功能、生物矿化功能显著增强，转基因丝素膜能诱导间充质干细胞向成骨分化，显著促进细胞分泌细胞外基质中的胶原蛋白，有效修复受损的小鼠额下骨。因此，转基因家蚕丝素蛋白有望成为骨修复生物材料。

◎ 具有蜘蛛丝性能的蚕丝

蜘蛛丝是一种异常坚韧的材料，这一点早已深入人心。有"生物钢材"之称的蜘蛛丝是已知生物材料中强度最高的蛋白质纤维，可广泛应用于军工、生物医学、高强度复合材料等领域。蛛丝虽好，但其产量和可利用性的提高一直是个难题。

可能有人会好奇，为什么不能像养蚕一样大规模养蜘蛛呢？蚕宝宝只要有桑叶吃，并不介意挤在一起。蜘蛛则不然，它们个体吐丝量很少，而且喜爱独居，在遇到同类时会相互残杀。所以，以天然方式大规模生产蜘蛛丝是行不通的。

鉴于蜘蛛丝优异的材料性能，研究人员从几十年前就开始寻找蜘蛛丝大规模量产的方式。既然蜘蛛拒绝合作，那就只能"曲线救国"。早在 2000 年，就有研究人员将蜘蛛体内产生蛛丝蛋白的基因移植到山羊体内，然后从羊奶中提取蛛丝。然而，羊奶中表达的蛛丝蛋白仅氨基酸序列（一级结构）与真实蛛丝蛋白一致，其蛋白质空间结构、成丝方式等都无法复现真实蛛丝，故而实际未能得到应用。

因此研究人员将目光转到家蚕身上，设想将蜘蛛丝蛋白基因转入家蚕体内，让蚕宝宝能够吐出蜘蛛丝。美国密歇根州的克雷格生物技术实验室利用转基因技术开发了新一代超高韧性的纤维——"龙丝"（Dragon Silk）。这种纤维实际上是由转基因的家蚕吐出的蜘蛛丝。该实验室在一份声明中称，在所有目前已知的材料中，"龙丝"纤维的韧性是最高的。"龙丝"或许能替代凯夫拉（Kevlar）纤维，用于制作性能更为优异、更为轻薄的防弹衣。

凯夫拉防弹衣

2020 年中国企业嘉欣丝绸称，旗下子公司超丝科技研发的黑寡妇蜘蛛牵引丝最大应力达到约 818MPa，比普通蚕丝提高了 3.86 倍，接近蜘蛛丝；最大应变达到 44%，比普通蚕丝提高了 2.2 倍，超过蜘蛛丝。目前，公司已经获得了具备蜘蛛的葡萄腺丝、鞭状腺丝、聚状腺丝和梨状腺丝等多个蜘蛛仿生丝的家蚕品种。

缤纷绚烂
篇

吐丝神虫

走进家蚕的万千世界

第七章

蚕桑文化

当蚕不再只是蚕

而是文字、诗词、艺术

它便深深烙上了文化的印记

无法再从每个中国人的心中抹去

① 蚕桑丝织与汉字成语

汉字

根据我国古文字学家于省吾的研究，在目前发现的 4000 多个甲骨文文字中，能识别出字义的不超过 1000 个，而在这不到 1000 个字中，与蚕桑丝织直接相关的文字就有 153 个，可见从商朝开始，蚕桑丝织在人民的生产生活中就已经占据了重要地位。

"丝"字就是把两束蚕丝扭在一起的形状。在东汉的《说文解字》中，以"糸"为偏旁的字有 268 个；在清代的《康熙字典》中，以"糸"为偏旁的字有 380 个；在现代《辞海》中，以"糸"为偏旁的字有 316 个。可见在所有与"蚕""桑""丝"相关的汉字中，"丝"的影响最为深远。

不难发现，很多以"纟"为偏旁的字都与蚕桑丝织有着密切联系。比如与丝绸工艺相关的"缫""纺""编"，与丝绸制品相关的"绫""绸""缎"，与颜色相关的"红""绿""紫"，等等。而两个"纟"旁的字组成的词语，尽管有的已经产生了新的含义，但究其根源还是能发现蚕桑丝织的影子，下面是一些例子。

纤细 （纖細）	纤：细纹布帛。 细：微小的丝。 现多用来形容女子的身材、身体部位细长柔美，或形容事物细微。 "三月蚕始生，纤细如牛毛。"——[元]赵孟𫖯《题耕织图二十四首奉懿旨撰》
组织 （組織）	组：作动词时意为用丝编织，作名词时意为华美的丝带。 织：用丝、棉、麻、毛制成的布，是布帛的总称。 古代"组织"意为"纺织"。现有多重含义，如安排分散的人或事物使具有一定的系统性或整体性，又如纺织品经纬纱线的结构
纨绔 （紈絝）	纨：细的丝织品。 绔：绔同"裤"，指古人穿的裤子。 古代指富贵人家的细绢裤，现泛指富家子弟的华美衣着，也借指富家子弟。 "纨绔不饿死，儒冠多误身。"——[唐]杜甫《奉赠韦左丞丈二十二韵》

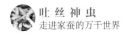

⫽ 成语

众人皆说，成之于语，故曰"成语"。蚕桑丝织不仅影响着汉字的形成与内涵，也影响着中国传统文化的特色词汇——成语，让我们一起来看看吧。

作茧自缚

作茧自缚

◎ **释义**

春蚕吐丝为茧，将自己裹缚其中。比喻弄巧成拙，自作自受。

◎ **出处**

"烛蛾谁救活，蚕茧自缠萦。"

——［唐］白居易《江州赴忠州至江陵已来舟中示舍弟五十韵》

"人生如春蚕，作茧自缠裹。"

——［宋］陆游《剑南诗稿·书叹》

丝丝入扣

丝丝入扣

◎ **释义**

丝丝：每一根丝。扣：织机上的主要机件之一，也作"筘"。

意思是织布时每条丝线都要从扣齿间穿过，比喻文章、艺术表演等十分细致、准确合拍。

◎ **出处**

［清］夏敬渠《野叟曝言》第二十七回："此为丝丝入扣，暗中抛索，如道家所云三神山舟不得近，近者辄被风引回也。"

错综复杂

错综复杂

◎ **释义**

错：交错，交叉。综：合在一起。

形容事物交错聚集，头绪多，情况纷繁杂乱。

◎ **出处**

《周易·系辞（上）》："参伍以变，错综其数。"

衣锦还乡

衣锦还乡

◎ **释义**

衣：穿。锦：泛指有色彩花纹的丝织品。

指做官富贵以后穿着锦绣衣服回到故乡。

◎ **出处**

《史记·项羽本纪》："项王见秦宫室皆以烧残破，又心怀思欲东归，曰：'富贵不归故乡，如衣绣夜行，谁知之者！'"

◢◢ 诗经

《豳风·七月》局部（马和之绘）

国风·豳风·七月（节选）

[西周]《诗经》

七月流火，九月授衣。

春日载阳，有鸣仓庚。

女执懿筐，遵彼微行，爰求柔桑。

春日迟迟，采蘩祁祁。

女心伤悲，殆及公子同归。

七月流火，八月萑苇。

蚕月条桑，取彼斧斨。

以伐远扬，猗彼女桑。

七月鸣鵙，八月载绩。

载玄载黄，我朱孔阳，为公子裳。

豳地在今陕西旬邑、彬州市一带，公刘时代周之先民还是一个农业部落。《豳风·七月》反映了豳地奴隶一年四季的劳动生活，全篇共8节，其中第2、3节与蚕桑有关。

明媚的春光照着田野，莺声呖呖，美景宜人，却没有给采桑女奴以欢乐。女奴们繁忙地劳作，心中充满着失去人身保障和劳动果实被掠夺的忧伤。豳公占有大批土地和农奴，他的儿子们对农家女奴也享有与其"同归"的特权。除此之外，女奴们采桑、养蚕、绩麻、染色，辛苦一年创造出来的鲜艳丝麻织品，却都要"为公子裳"。

乐府诗

罗敷采桑（陈谋绘）

陌上桑

[汉] 乐府民歌

日出东南隅，照我秦氏楼。秦氏有好女，自名为罗敷。罗敷善蚕桑，采桑城南隅。青丝为笼系，桂枝为笼钩。头上倭堕髻，耳中明月珠；缃绮为下裙，紫绮为上襦。行者见罗敷，下担捋髭须。少年见罗敷，脱帽著帩头。耕者忘其犁，锄者忘其锄；来归相怨怒，但坐观罗敷。

使君从南来，五马立踟蹰。使君遣吏往，问是谁家姝。"秦氏有好女，自名为罗敷。""罗敷年几何？""二十尚不足，十五颇有余。"使君谢罗敷，"宁可共载不？"

《陌上桑》是一篇立意严肃、笔调诙谐的乐府叙事诗。它讲述了一位名叫罗敷的年轻美丽女子在采桑路上恰巧遇上一个太守，太守被罗敷的美貌打动，问她愿不愿意跟随自己回家。太守原以为凭借自己的权势，这位女子一定会答应。想不到罗敷非但不领情，还把他奚落了一番，这位太守碰了一鼻子灰，无奈之极。

全诗共分三段。

第一段主要描写罗敷的美貌。无论是行者少年、耕者还是锄者，都倾慕她的美丽。运用劳动人民对罗敷的健康感情，与后文使君的不怀好意形成对照。同时还能激起读者的想象，以她的外表美，铺衬下文的心灵美。

第二段主要描写使君觊觎罗敷的美色，向她提出无理要求。其语言行为步步深入，暴露了使君肮脏的灵魂。

第三段主要描写罗敷拒绝使君，并盛夸丈夫以压倒对方。罗敷的伶牙俐齿使自以为身份显赫的使君自惭形秽，充分体现了罗敷的不畏权势、敢于斗争的人格魅力。

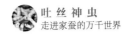
罗敷前致词："使君一何愚！使君自有妇，罗敷自有夫。东方千余骑，夫婿居上头。何用识夫婿？白马从骊驹，青丝系马尾，黄金络马头；腰中鹿卢剑，可值千万余，十五府小吏，二十朝大夫，三十侍中郎，四十专城居。为人洁白皙，鬑鬑颇有须；盈盈公府步，冉冉府中趋。坐中数千人，皆言夫婿殊。"

采桑度

采桑度

[南北朝] 乐府民歌

一

蚕生春三月，春桑正含绿。
女儿采春桑，歌吹当春曲。

二

冶游采桑女，尽有芳春色。
姿容应春媚，粉黛不加饰。

三

系条采春桑，采叶何纷纷。
采桑不装钩，牵坏紫罗裙。

四

语欢稍养蚕，一头养百塬。
奈当黑瘦尽，桑叶常不周。

这是一组描写少女采桑的诗。第一首描写了春天蚕桑茂盛的情景。少女们唱着春歌来采桑，呈现出春天辛勤劳动的繁荣景象。第二首描写了采桑少女的容貌，寥寥几笔便描绘出她们素面朝天、容貌娇媚、青春健康的形象。第三首重点描写劳作场面，采摘如此繁忙，不经意间，桑枝扯坏了紫罗裙。通过这一描写，少女辛劳的形象跃然纸上，甚是鲜明。第四首的气氛有所转变，先是说了桑叶养蚕的境况，又叹息桑叶经常会影响养蚕的结果。第五首同样表达了养蚕的期盼。后两句说"养蚕不满百，哪得罗绣襦？"如果养的桑叶不够多，又怎能养足够的蚕？就不会有罗绣短袄。这是叹息劳作的艰辛，透露出一种淡淡的惆怅。第六首与第三首类似，都是描写采摘桑叶的情景，却进一步描写了桑叶的繁盛，长在高处的桑叶必须攀上枝头才可以采摘，少女攀上高处采摘桑叶，桑枝扯坏紫罗裙。最后一首写了"伪蚕"，再度点出劳作艰辛。

五

春月采桑时，林下与欢俱。
养蚕不满百，那得罗绣襦。

六

采桑盛阳月，绿叶何翩翩。
攀条上树表，牵坏紫罗裙。

七

伪蚕化作茧，烂熳不成丝。
徒劳无所获，养蚕持底为？

从全组诗歌来看，它的特别之处在于将劳动与爱情紧密结合起来。一方面描写了劳动的艰辛，另一方面通过劳动来表现青年男女的爱情。较真切地运用采桑养蚕生产劳动，巧妙自然地暗示采桑女的不幸恋情，将劳动与恋情紧密结合在一起，比单纯表现恋情的民歌更有艺术厚度。

诗

无题

无题

[唐] 李商隐

相见时难别亦难，东风无力百花残。
春蚕到死丝方尽，蜡炬成灰泪始干。
晓镜但愁云鬓改，夜吟应觉月光寒。
蓬山此去无多路，青鸟殷勤为探看。

这是一首唐代诗人李商隐所写的以男女离别为题材的爱情诗，描写了一对情人离别时的痛苦和别后的思念，抒发了无比真挚的相思离别之情。

此诗大意：见面的机会难得，分别时更是难舍难分，况且又兼东风将收的暮春天气，百花凋谢，更加使人伤感。春蚕结茧到死时丝才吐完，蜡烛要燃尽成灰时像泪一样的蜡油才能滴干。女子早晨妆扮照镜，只担忧丰盛如云的鬓发改变颜色，青春的容颜消失。男子晚上长吟不寐，必然感到冷月侵人。对方的住处就在不远的蓬莱山，却无路可通，可望而不可即。希望有青鸟一样的使者殷勤地为我去探看情人。

人教版语文课文《春蚕》插图

咏蚕

[五代] 蒋贻恭

辛勤得茧不盈筐，灯下缫丝恨更长。

著处不知来处苦，但贪衣上绣鸳鸯。

蒋贻恭，五代后蜀诗人，江淮间人。唐末入蜀，因慷慨敢言、无媚世态，数遭流遣。后值蜀高祖孟知祥搜访遗材，起为大井县令。

此诗大意：辛勤劳苦获得的蚕茧不足一筐，深夜里煮茧抽丝恨比丝更长。贵人们穿绫罗哪知道养蚕苦，他们只是贪恋衣上的绣鸳鸯。这首诗通过对农家养蚕缫丝的描写，反映了封建社会阶级的对立、世间的不平。

孟郊像

蜘蛛讽

[唐] 孟郊

万类皆有性，各各禀天和。

蚕身与汝身，汝身何太讹。

蚕身不为己，汝身不为佗。

蚕丝为衣裳，汝丝为网罗。

济物几无功，害物日已多。

百虫虽切恨，其将奈尔何。

缤纷绚烂 篇

《蜘蛛讽》是唐代诗人孟郊创作的一首五言古诗。此诗大意：世间万物都有它们的本性，它们各自的本性都是大自然赋予的。如果拿春蚕跟你蜘蛛来比较，你是多么诡诈啊。春蚕从不为自己打算，你却没有为他人着想。春蚕吐出的丝可以供人们做衣服，而你吐出的丝却成了捕捉昆虫的罗网。讲到助人助物，你毫无功劳，而你害死的虫子在一天天增多。虫子们虽然痛恨你，但又能拿你怎么办呢？

这是一首托物寄讽的咏物诗。诗中将蜘蛛与春蚕加以对比，使蜘蛛害人害物的丑恶形象更加突出，借此讽刺了诡诈多端的小人利己害人的恶劣行径与让人奈何不得的嚣张气焰。该诗角度新颖，语言通俗浅近，说理透彻，对比鲜明，精准犀利。

蚕妇

《蚕妇》是北宋诗人张俞创作的一首五言绝句。此诗大意：昨天进城卖蚕丝，回来的时候眼泪沾湿了汗巾；那些身上穿着绫罗绸缎的人，都不是养蚕的人。

这首诗是通过养蚕的农妇入城里卖丝的所见所感，揭示了触目惊心的社会现实：剥削者不劳而获，劳动者无衣无食。表现了诗人对劳动人民的同情，对统治阶级压迫剥削的不满。全诗构思奇巧，言简意赅，明快流畅，含意深刻，发人深省。

蚕妇

[北宋] 张俞

昨日入城市，归来泪满巾。

遍身罗绮者，不是养蚕人。

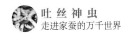
词

九张机（九首）

[宋] 佚名

一张机。采桑陌上试春衣。

风晴日暖慵无力，桃花枝上，啼莺言语，不肯放人归。

两张机。行人立马意迟迟。

深心未忍轻分付，回头一笑，花间归去，只恐被花知。

三张机。吴蚕已老燕雏飞。

东风宴罢长洲苑，轻绡催趁，馆娃宫女，要换舞时衣。

四张机。咿哑声里暗颦眉。

回梭织朵垂莲子，盘花易绾，愁心难整，脉脉乱如丝。

五张机。横纹织就沈郎诗。

中心一句无人会，不言愁恨，不言憔悴，只恁寄相思。

六张机。行行都是要花儿。

花间更有双蝴蝶，停梭一晌，闲窗影里，独自看多时。

七张机。鸳鸯织就又迟疑。

只恐被人轻裁剪，分飞两处，一场离恨，何计再相随。

八张机。回纹知是阿谁诗。

织成一片凄凉意，行行读遍，厌厌无语，不忍更寻思。

九张机。双花双叶又双枝。

薄情自古多离别，从头到底，将心萦系，穿过一条丝。

《九张机（九首）》是一组具有浓郁民歌色彩的抒情小词，内容似为描叙一个连贯而生动的爱情故事。一位织锦女子在明丽的春日到田野里采桑，爱上一位英俊的少年。正当初恋，她还没来得及向对方大胆表明自己的心意时，少年却出门远行了。于是，织锦女子便沉浸于无法排解的想念之中，织锦不停、相思不绝，以织锦寄托相思，在相思之中寄托自己的理想。全词塑造了一个对爱情无比忠贞的民间织锦少女形象，她对旖旎明媚的春光无比热爱，对美满幸福的生活执着追求。从采桑到织锦，从惜别到怀远，形成一幅色彩缤纷、形象鲜明的生活画卷，给人以极大的审美享受。

蚕歌

杭嘉湖地区的人民在养蚕的一系列蚕事活动和祈蚕、酬蚕的一系列祭拜活动中留下了许多反映蚕桑民俗的歌谣，称为"祈蚕歌"。2009 年，桐乡蚕歌被列入第三批浙江省非物质文化遗产名录。流传至今较为有名的民间蚕歌有《马鸣王蚕花》《呼蚕花》《腌种》等。

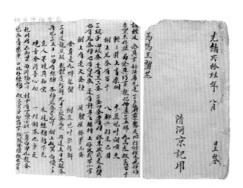

《马鸣王蚕花》清代词本

《雍正耕织图》

《雍正耕织图》也称《胤禛耕织图册》，以康熙年间刻板印制的《耕织图》为蓝本，内容和规格仿照焦氏本，一共有 46 幅，装裱成册，分为两个部分，描绘耕种水稻的有 23 幅，描绘养蚕织造的有 23 幅。这套图册现存 52 页，其中有 6 页是还未定稿的衍页；图册还配有雍正的亲笔所题的诗句，钤印有"雍亲王宝"和"破尘居士"两方印。

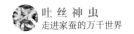

《雍正耕织图·浴蚕》

浴蚕

雨生杨柳风，溪涨桃花水。

春酒泛羔儿，村闺浴蚕子。

纤纤弄翠盆，蚁蚁下香纸。

雪茧去冰丝，妇功从此始。

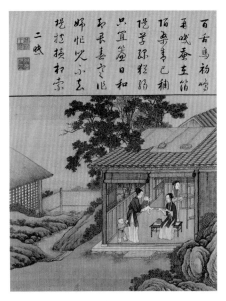

《雍正耕织图·二眠》

二眠

百舌鸟初鸣，再眠蚕生箔。

陌桑青已稠，堤草绿犹弱。

只宜帘日和，却畏春寒作。

妇忙儿不去，提披横相索。

《雍正耕织图·三眠》

三眠

春风静帘拢，春露繁桑柘。

当箔理三眠，烧灯照五夜。

大姑梦正浓，小姑梳弗暇。

邻鸡唱晓烟，农事催东舍。

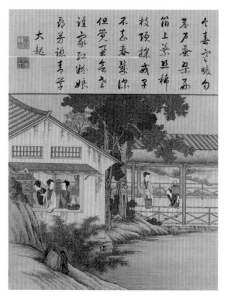

《雍正耕织图·大起》

大起

今春寒暖匀，农户蚕桑好。

箔上叶恐稀，枝头采戒早。

不知春几深，但觉蚕无老。

谁家红粉娘，寻芳踏青草。

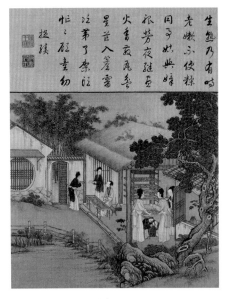

《雍正耕织图·捉绩》

捉绩

生熟乃有时，老嫩不使糅。

同事姑与嫜，服劳夜继昼。

火香散瓦盆，星芒入檐流。

次第了架头，忙忙顾童幼。

《雍正耕织图·分箔》

分箔

春燕掠风轻，春蚕得日长。

箔分当初阳，叶洒发繁响。

少妇采桑间，携筐归陌上。

门前麦骚骚，黄云接青壤。

《雍正耕织图·采桑》

采桑

清和天气佳，户户采桑急。

白露繁欲流，绿阴染可湿。

枝高学猱升，葚落教儿拾。

昨摘满笼阳，妇犹嗔不给。

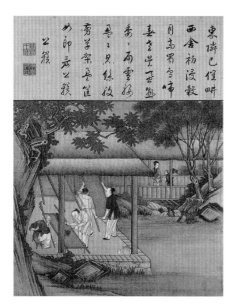

《雍正耕织图·上蔟》

上蔟

东邻已催耕，西舍初浸谷。

月高蜀鸟啼，春老吴蚕熟。

委委局雪腰，盈盈见丝腹。

剪草架盈筐，母郎看上蔟。

《雍正耕织图·炙箔》

炙箔

春多花信风，寒作麦秋雨。

若帘关蟹舍，松盆暖蚕户。

香生雪茧明，光吐银丝缕。

村路少闲人，喃喃燕归宇。

《雍正耕织图·下簇》

下簇

前月浴新蚕，今月摘新茧。

浴蚕柳叶纤，摘茧柳花卷。

膏沐曾未施，风光已暗转。

邻曲慰劳来，欢情一共展。

《雍正耕织图·择茧》

择茧

倾筐香雪明，择茧檐日上。

着意为丝纶，兼计作绵纩。

率妇理从容，笑儿知瘠壮。

更欣梅雨过，插秧溪水涨。

《雍正耕织图·窖茧》

窖茧

梧竹发村居，耒耜安农业。

三春课蚕桑，百箔劳妇妾。

纷纷下蔟完，忙忙窖茧接。

苦辛赖天公，冰雪满箱箧。

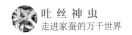
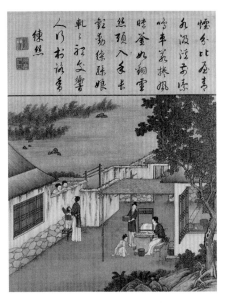

《雍正耕织图·练丝》

练丝

烟分比屋青，水汲溪更洁。
鸣车若卷风，映釜如翻雪。
丝头入手长，观动缲丝娘。
轧轧听交响，人行村路香。

《雍正耕织图·蚕蛾》

蚕蛾

村门通往来，妇女欲忙促。
蛾影出茧翩，翅光腻粉渥。
秧叶已抽青，桑条再见绿。
送蛾须水边，流传笑农俗。

缤纷绚烂
篇

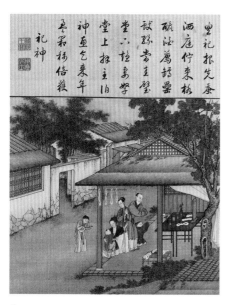

《雍正耕织图·祀神》

祀神

丰祀报先蚕，洒庭仁来格。
酾酒荐樽罍，献丝当圭璧。
堂下趋妻孥，堂上拜主伯。
神惠乞来年，盈箱称倍获。

《雍正耕织图·纬》

纬

盈盈纬车妇，荆布事素朴。
丝丝理到头，的的出新濯。
当车转恐迟，坐日长不觉。
浣女溪上归，斜阳指屋角。

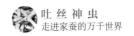

《雍正耕织图·织》

织

一梭复一梭，委委青灯侧。
明明机上花，朵朵手中织。
娇女倦啼眠，秋虫寒语唧。
檐头月已高，盈窗惊晓色。

《雍正耕织图·络丝》

络丝

女红亦颇劳，遑惜事宵旰。
灯残络素丝，簋重苦柔腕。
纤纤寒影双，沉沉夜气半。
妾心非不忙，心忙丝故乱。

《雍正耕织图·经》

经

昨为篝上丝，今作轴中经。

均匀细分理，珍重相叮咛。

试看千万缕，始成丈尺绢。

市城纨绔儿，辛苦何由见。

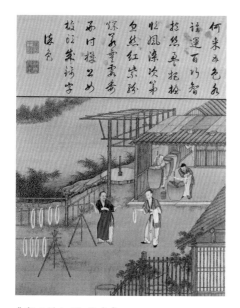

《雍正耕织图·染色》

染色

何来五色水，谁运百巧智。

抱丝盈把握，临风染次第。

忽然红紫纷，灿若云霞委。

好付机上女，梭头成锦字。

《雍正耕织图·攀花》

攀花

织绢须织长，挽花要挽双。

花繁劳玉手，绢细费银釭。

新样胜吴绫，回文翻蜀锦。

不知落谁家，轻裁可惜甚。

《雍正耕织图·剪帛》

剪帛

千丝复万丝，成帛良兆苟。

把尺重含情，欲剪频低首。

红裁滴滴桃，青割柔柔柳。

姑舅但不寒，妾单亦何丑。

《雍正耕织图·裁衣》

裁衣

九月授衣时，缝纫已难缓。

戋戋细剪裁，楚楚称长短。

刀尺临风寒，元黄委云满。

帝力与天时，农蚕慰饱暖。

③ 蚕桑丝织与文学影视

// 《红楼梦》中的绫罗绸缎

◎ 绫类

如第三回黛玉初进贾府，"只见一个穿红绫袄青缎掐牙背心丫鬟走来"。对宝玉的家常穿着的描述："下面半露松花撒花绫裤腿，锦边弹墨袜，厚底大红鞋。"第八回宝玉探望病中的宝钗时，宝钗那天穿着"蜜合色棉袄，玫瑰紫二色金银鼠的比肩褂，葱黄绫棉裙"。第二十一回中，又出现"林黛玉严严密密裹着一幅杏子红绫被，安稳合目而睡"的情节。第四十回，贾母见宝钗房内太素净，吩咐拿几件摆设来，其中有一顶"白绫帐子"。第四十六回讲到，鸳鸯的家常穿戴是"半新的藕合色的绫袄"。从中我们不难看出，当时的绫类织物除了用作衣料外，也用于褥帐等寝具。

◎ 罗类

《红楼梦》中称纱罗为"软烟罗""霞影纱"。第四十回，贾母由窗纱引发的一番议论："那个软烟罗只有四样颜色：一样雨过天晴，一样秋香色，一样松绿的，一样就是银红的，若是做了帐子，糊了窗屉，远远地看着，就似烟雾一样，所以叫作'软烟罗'。那银红的又叫作'霞影纱'"。贾母在此时简直既是丝绸专家，又是艺术家；既内行，又有诗情画意。而刘姥姥离开贾府之际，收到的离别赠礼中有一件"实地子月白纱"，这实地纱是纱类中最厚密的一种，用平儿的话说"用作衣服里子"。可见，在清代，纱除了用作居室饰品，如窗屉、窗纱、灯笼罩子等，还广泛用于服饰。根据不同事物所用面料，清楚显示其主人身份的贵贱，如纱类织物在古代曾经是夏季普遍使用的衣料，有着"衣必华，夏则纱，冬则裘"的说法。

◎ 绸类

绸类在《红楼梦》中分别以宫绸、茧绸、绉绸和洋绉出现。宫绸、茧绸和绉绸所制服饰，显示了穿着者的身份地位。绸类服饰文化所透露出的社会内涵非常深刻。

宫绸顾名思义是宫廷专用绸，其工料极为考究。清代的《苏州织造局志》卷七上记载有"八庵花宫绸""八庵素宫绸"等名目，"花宫绸一匹需工十二日"，可以想象其做工的精细、质量的讲究了。

茧绸在书中第四十二回刘姥姥得到贾府赠品时有提及。茧绸的原料为柞蚕丝，主要产于山东省，在当时以昌邑县所出者质优。因其丝质粗，虽别有风格，但属低档丝织品，在当时或许非常适合刘姥姥这样的"粗民"穿用。

绉绸，今称绉，似罗而疏，似纱而密。由于织造时经纬丝线拈向不同，而产生自然皱纹，又称为洋绉，通常用作皮革服饰的面料。在书中第四十二回贾母"穿着青绉绸一斗珠的羊皮褂子"，青绉绸是这件贵重皮衣的面子。又如第三回中"翡翠撒花洋绉裙"、第六回中"大红洋绉银鼠皮裙"，这两处描述王熙凤的服饰也提到了绉绸。

◎ 缎类

《红楼梦》中所涉及的缎类品种有云缎、倭缎、蟒缎、妆缎、羽缎、宫缎和普通缎七种。其中的妆缎亦称妆花，云缎即今天所说的云锦。在织造妆缎、云缎和蟒缎时，会将大量金、银线织入图案中，从而产生富丽华贵的视觉效果。妆缎和云缎出现在第三回中"缕金百蝶穿花大红云缎窄袄"，第二十八回中"大红妆缎"，第四十九回中"水红妆缎狐肷褶子"，第五十六回中"上用的妆蟒缎"和"妆缎蟒缎"等。

茅盾的《春蚕》

《春蚕》是我国现代著名作家茅盾于 1932 年 10 月创作的短篇小说，并于同年 11 月发表于《现代》杂志，与之后的《秋收》《残冬》并称为"农村三部曲"。1933 年，小说被改编为同名黑白电影，由程步高执导。2008 年，小说再次被改编为同名电影，由朱枫执导。

《春蚕》讲述的是在 20 世纪 30 年代全球经济危机背景下，江浙地区养

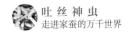

左图　1953年初版《春蚕》封面
右图　电影《春蚕》海报

蚕户老通宝一家"丰收成灾"的故事。小说中老通宝一家为蚕事丰收而竭尽心力、财力，结果虽然蚕茧丰收却债台高筑，由此揭露了帝国主义、国民党反动派、资本家以及地主高利贷者重重压榨农民的罪恶，反映了旧中国的社会面貌。

春蚕（节选）

"宝宝"都上山了，老通宝他们还是捏着一把汗。他们钱都花光了，精力也绞尽了，可是有没有报酬呢，到此时还没有把握。虽则如此，他们还是硬着头皮去干。"山棚"下爇了火，老通宝和阿四他们伛着腰慢慢地从这边蹲到那边，又从那边蹲到这边。他们听得山棚上有些屑屑索索的细声音，他们就忍不住想笑，过一会儿又不听得了，他们的心就重甸甸地往下沉了。这样地，心是焦灼着，却不敢向山棚上望。偶或他们仰着的脸上淋到了一滴蚕尿了，虽然觉得有点难过，他们心里却快活：他们巴不得多淋一些。

阿多早已偷偷地挑开"山棚"外围着的芦帘望过几次了。小小宝看见，就扭住了阿多，问"宝宝"有没有做茧子。阿多伸出舌头做一个鬼脸，不回答。

"上山"后三天，息火了。四大娘再也忍不住，也偷偷地挑开芦帘角看了一眼，她的心立刻卜卜地跳了。那是一片雪白，几乎连"缀头"都瞧不见；那是四大娘有生以来从没见过的"好蚕花"呀！老通宝全家立刻充满了欢笑。现在他们一颗心定下来了！"宝宝"们有良心，四洋一担的叶不是白吃的；他们全家一个月的忍饿失眠总算不冤枉，天老爷有眼睛！

同样的欢笑声在村里到处都起来了。今年蚕花娘娘保佑这小小的村子。二三十人家都可以采到七八分，老通宝家更是比众不同，估量来总可以采一个十二三分。

小溪边和稻场上现在又充满了女人和孩子们。这些人都比一个月前瘦了许多，眼眶陷进了，嗓子也发沙，然而都很快活兴奋。她们嘈嘈地谈论那一个月内的"奋斗"时，她们的眼前便时时现出一堆堆雪白的洋钱，她们那快乐的心里便时时闪过了这样的盘算：夹衣和夏衣都在当铺里，这可先得赎出来；过端阳节也许可以吃一条黄鱼。

那晚上荷花和阿多的把戏也是她们谈话的资料。六宝见了人就宣传荷花的"不要脸，送上门去！"男人们听了就粗暴地笑着，女人们念一声佛，骂一句，又说老通宝家总算幸气，没有犯克，那是菩萨保佑，祖宗有灵！

接着是家家都"浪山头"了，各家的至亲好友都来"望山头"。老通宝的亲家张财发带了小儿子阿九特地从镇上来到村里。他们带来的礼物，是软糕，线粉，梅子，枇杷，也有咸鱼。小小宝快活得好像雪天的小狗。

"通宝，你是卖茧子呢，还是自家做丝？"

张老头子拉老通宝到小溪边一棵杨柳树下坐了，这么悄悄地问。这张老头子张财发是出名"会寻快活"的人，他从镇上城隍庙前露天的"说书场"听来了一肚子的疙瘩东西；尤其烂熟的，是"十八路反王，七十二处烟尘"，程咬金卖柴扒，贩私盐出身，瓦岗寨做反王的《隋唐演义》。他向来说话"没正经"，老通宝是知道的；所以现在听得问是卖茧子或者自家做丝，老通宝并没把这话看重，只随口回答道：

"自然卖茧子。"

张老头子却拍着大腿叹一口气。忽然他站了起来，用手指着村外那一片秃头桑林后面耸露出来的茧厂的风火墙说道：

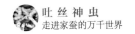

"通宝，茧子是采了，那些茧厂的大门还关得紧洞洞呢！今年茧厂不开秤！——十八路反王早已下凡，李世民还没出世：世界不太平！今年茧厂关门，不做生意！"

老通宝忍不住笑了，他不肯相信。他怎么能够相信呢？难道那"五步一岗"似的比露天茅坑还要多的茧厂会一齐都关了门不做生意？况且听说和东洋人也已"讲拢"，不打仗了，茧厂里驻的兵早已开走。

张老头子也换了话，东拉西扯讲镇里的"新闻"，夹着许多"说书场"上听来的什么秦叔宝，程咬金。最后，他代他的东家催那三十块钱的债，为的他是"中人"。

然而老通宝到底有点不放心。他赶快跑出村去，看看"塘路"上最近的两个茧厂，果然大门紧闭，不见半个人；照往年说，此时应该早已摆开了柜台，挂起了一排乌亮亮的大秤。

老通宝心里也着慌了，但是回家去看见了那些雪白发光很厚实硬古古的茧子，他又忍不住嘻开了嘴。上好的茧子！会没有人要，他不相信。并且他还要忙着采茧，还要谢"蚕花利市"，他渐渐不把茧厂的事放在心上了。

可是村里的空气一天一天不同了。才得笑了几声的人们现在又都是满脸的愁云。各处茧厂都没开门的消息陆续从镇上传来，从"塘路"上传来。往年这时候，"收茧人"像走马灯似的在村里巡回，今年没见半个"收茧人"，却换替着来了债主和催粮的差役。请债主们就收了茧子罢，债主们板起面孔不理。

全村子都是嚷骂，诅咒，和失望的叹息！人们做梦也不会想到今年"蚕花"好了，他们的日子却比往年更加困难。这在他们是一个青天的霹雳！并且愈是像老通宝他们家似的，蚕愈养得多，愈好，就愈加困难，——"真正世界变了！"老通宝捶胸跺脚地没有办法。然而茧子是不能搁久了的，总得赶快想法：不是卖出去，就是自家做丝。村里有几家已经把多年不用的丝车拿出来修理，打算自家把茧做成了丝再说。六宝家也打算这么办。老通宝便也和儿子媳妇商量道：

"不卖茧子了，自家做丝！什么卖茧子，本来是洋鬼子行出来的！"

"我们有四百多斤茧子呢，你打算摆几部丝车呀！"

四大娘首先反对了。她这话是不错的。五百斤的茧子可不算少，自家做丝万万干不了。请帮手么？那又得花钱。阿四是和他老婆一条心。阿多抱怨老头子打错了主意，他说：

"早依了我的话，扣住自己的十五担叶，只看一张洋种，多么好！"

老通宝气得说不出话来。

终于一线希望忽又来了。同村的黄道士不知从哪里得的消息，说是无锡脚下的茧厂还是照常收茧。黄道士也是一样的种田人，并非吃十方的"道士"，向来和老通宝最说得来。于是，老通宝去找那黄道士详细问过了以后，便又和儿子阿四商量把茧子弄到无锡脚下去卖。老通宝虎起了脸，像吵架似的嚷道：

"水路去有三十多九呢！来回得六天！他妈的！简直是充军！可是你有别的办法么？茧子当不得饭吃，蚕前的债又逼紧来！"

阿四也同意了。他们去借了一条赤膊船，买了几张芦席，赶那几天正是好晴，又带了阿多。他们这卖茧子的"远征军"就此出发。

五天以后，他们果然回来了；但不是空船，船里还有一筐茧子没有卖出。原来那三十多九水路远的茧厂挑剔得非常苛刻：洋种茧一担只值三十五元，土种茧一担二十元，薄茧不要。老通宝他们的茧子虽然是上好的货色，却也被茧厂里挑剩了那么一筐，不肯收买。老通宝他们实卖得一百十一块钱，除去路上盘川，就剩了整整的一百元，不够偿还买青叶所借的债！老通宝路上气得生病了，两个儿子扶他到家。

打回来的八九十斤茧子，四大娘只好自家做丝了。她到六宝家借了丝车，又忙了五六天。家里米又吃完了。叫阿四拿那丝上镇里去卖，没有人要；上当铺当铺也不收。说了多少好话，总算把清明前当在那里的一石米换了出来。

就是这么着，因为春蚕熟，老通宝一村的人都增加了债！老通宝家为的养了五张布子的蚕，又采了十多分的好茧子，就此白赔上十五担叶的桑地和三十块钱的债！一个月光景的忍饥熬夜还不算！

/// 京剧《桑园会》

京剧《桑园会》，又名《秋胡戏妻》，亦名《马蹄金》，是戏曲舞台上经常上演的一个剧目。河北梆子等许多地方剧种也都有此剧目。

此剧的情节大略如下。战国时，鲁人秋胡，在楚为官，因离家日久，辞

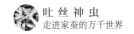

王别驾，返里省亲。其妻罗敷，养蚕奉母，夫妻相会于桑园。秋胡疑妻不贞，试加调戏；罗敷坚意不从，设计脱身。待到秋胡至家，罗敷方知乃是其夫，忿欲自尽，经秋母解劝，夫妻言归于好。

《桑园会》的故事，原见于西汉刘向《列女传》卷五：洁妇者，鲁秋胡子妻也。既纳之五日，去而官于陈，五年乃归。未至家，见路旁妇人采桑，秋胡子悦之，下车谓曰："若曝采桑，吾行道远，愿托桑荫下餐，下赍休焉。"妇人采桑不辍，秋胡子谓曰："力田不如逢丰年，力桑不如见国卿。吾有金，愿以与夫人。"妇人曰："嘻！夫采桑力作，纺绩织纴，以供衣食，奉二亲，养夫子。吾不愿金，所愿卿无有外意，妾亦无淫泆之志，收子之赍与笥金。"秋胡子遂去，至家，奉金遗母，使人唤妇至，乃向采桑者也，秋胡子惭。妇曰："子束发修身，辞亲往仕，五年乃还，当所悦驰骤，扬尘疾至。今也乃悦路旁妇人，下子之装，以金予之，是忘母也。忘母不孝，好色淫泆，是污行也，污行不义。夫事亲不孝，则事君不忠。处家不义，则治官不理。孝义并亡，必不遂矣。妾不忍见，子改娶矣，妾亦不嫁。"遂去而东走，投河而死。

西晋葛洪《西京杂记》卷六亦载其事：昔鲁人秋胡，娶妻三月而游宦三年，休，还家。其妇采桑于郊，胡至郊而不识其妻也，见而悦之，乃遗黄金一镒。妻曰：'妾有夫，游宦不返，幽闺独处，三年于兹，未有被辱如今日也。'采不顾。胡惭而退。至家，问家人妻何在，曰：'行采桑于郊，未返。'既还，乃向所挑之妇也。夫妻并惭。妻赴沂水而死。

到了元代，剧作家石君宝根据以上二书的记载，创作杂剧《鲁大夫秋胡戏妻》，简名《秋胡戏妻》，全剧共四折。剧中女主人公罗梅英由正旦扮演。剧情虽与传、记所载略同，但在时间上则有所不同。剧中云新婚三日，秋胡即被勾去从军，十年后衣锦荣归。强调婚期极短，而在外时间较长，故胡见妻而不识，似较合理。传与记皆言胡妻投河死，而剧则言伉俪和好如初。

京剧《桑园会》基本上是根据元杂剧《鲁大夫秋胡戏妻》改编而成，不过把秋胡与其妻子分别的时间延长为二十余年，时间较元杂剧剧本又多了十余年。另外，把剧中女主人公的名字罗梅英换成了罗敷，借用流传极广的乐

京剧《桑园会》剧照

府民歌《陌上桑》中聪明美丽的女主人公的名字及事迹以增强戏剧性，使广大观众更易接受。

// 电影《蚕花姑娘》

《蚕花姑娘》是上海电影制片厂摄制于1963年的一部电影，由叶明执导，顾锡东先生编剧，尤嘉、朱曼芳、虞桂春、谢怡冰等主演，是全国第一部以蚕桑为主题的电影。主要剧情如下。

春天，温暖的河水流过杭嘉湖平原，两岸一望无际的桑树发出了碧绿的新芽。开朗活泼的农村姑娘陶小萍在县里参加民歌比赛得了奖，喜滋滋地坐船回家参加堂哥陶九龙和新嫂子柳巧莲的婚礼。

在船上，小萍遇见了老同学小梅，小梅是越剧团的演员，从她那儿小萍得知剧团要以养蚕模范"巧手妈妈"孙银华为原型排演一出新戏《蚕花姑娘》。小萍本来对养蚕没有兴趣，现在听说要演养蚕的戏便决定回家学习养蚕。而小萍的新嫂子柳巧莲是农业上的生产能手，她虽然没有养过蚕，却也真心向往着养蚕的工作。

村里要养春蚕时，小萍和巧莲一起提交了申请。陶六婶是养蚕组长，她担心新手耽误生产任务，但在党支部书记菱珍的劝说下还是同意了。小萍手脚麻利、干劲十足，但她不够细心，被批评过几次。一次值夜班的时候，小萍怕冷就在蚕房里给小梅写信，唱起了要教给小梅的蚕花舞曲。六婶批评了她，要求在蚕房里要保持安静，她反而将六婶气跑了。后来她又误将蜡烛放在温度计附近，看到温度计显示高温，以为发生了事故，闹了笑话。六婶担心小萍闯祸，就和九龙商量把小萍调走。小萍听到消息后闹了情绪，巧莲劝他们引导年轻人要细心耐心，得到了书记菱珍的支持。小萍下定决心跟巧莲好好养蚕，她每天起早贪黑，努力工作，想干出一番成绩，也得到了大家的赞扬。

转眼，春茧丰收了，大家喜气洋洋准备进城卖茧，陶小萍却头脑发热，将生产队队员水泉逗弄她说的话（会有记者给她拍照）信以为真。结果进城后，当记者请巧手妈妈所在公社的社员拍照时，小萍以为是叫自己，在大家面前出了洋相。小萍又气又恼，不愿回村养蚕，应小梅邀请在剧团里留了几天。这一边，柳巧莲被大队派到巧手妈妈那里去学习提高夏蚕质量的经验，回来后得知九龙不想让小萍继续养蚕，夫妻俩起了争执。另一边，小萍在剧团里看到招募公告又萌生了做演员的念头，但报考演员需要公社的推荐信，小萍决定回村再养一季夏蚕以便要来推荐信。回村养蚕的时候，小萍精神不集中，被巧莲看出了端倪，便顺势将做演员的想法和盘托出。巧莲十分震怒，指出她这种三心二意、只顾自己、不安心在农村劳动的想法是错误的。小萍自知理亏，只好闷头工作。

电影《蚕花姑娘》海报

缤纷绚烂 篇

一天，陶小萍从水泉那儿得知剧团到镇上演出《蚕花姑娘》，她又心动起来。水泉提出帮她值班，她就溜到镇上看戏，发现小梅因为不遵守纪律不能当主演而在闹情绪。忽然天降暴雨，小萍冒雨赶回蚕房，发现水泉打瞌睡没有关窗，雨水打湿了蚕匾和蚕药，引发了蚕病。小萍自知犯了大错。柳巧莲和菱珍到其他公社借药救急，小萍跑到镇上买蚕药。因钱不够，她便去找小梅借钱，却发现小梅还在闹情绪，甚至要自顾自离开剧团。小萍经历一夜变故，从自己和小梅身上看到了只顾个人利益势必会损害集体利益的后果，终于对自己的缺点有了认识。巧莲抢救了病蚕之后到镇上找她。此时，小萍的思想认识有了提高，她自觉跟着嫂子回家踏实劳动，决定做一个热爱农村的真正的蚕花姑娘。

第八章

创意工坊

纸上得来终觉浅
绝知此事要躬行
让我们畅游知识的海洋
用自己的双手
来感受蚕的万千变化

① 手工小课堂

// 茧画/茧艺

茧画是利用蚕茧为创作载体，在茧面上以传统手工技艺绘制，辅之其他纯天然材料，经过烘、染、固化、绘、剪、拼接、艺术组合等工序制作而成的手工艺品，其中以起源于浙江桐乡的江南茧画最为出名，创始人为陈建清先生。茧艺则是在茧画形式上的创新。

蚕茧手工艺品包含多种形态样式，有的在完整的蚕茧上直接作画，有的将各种颜色茧壳经过剪接绘制成胸针、摆件等，还有的将茧壳与其他天然材料组成装饰画和立体画等。

1	2
3	4

图 1　鼠年特色茧画（陈建清创作）

图 2　各种蚕茧胸针及小摆件

图 3　茧艺装饰画（沈曙峰创作）

图 4　茧艺永生花（沈曙峰创作）

213

左图　广东江南理工高级技工学校茧艺工坊茧画作品
右图　蚕茧手工艺品

⫻ 蚕茧小老鼠摆件

◎ 材料和工具

　　两只白色蚕茧、几根黑色刷毛、黑色记号笔、剪刀、镊子、铅笔、刻度尺、502 胶水。

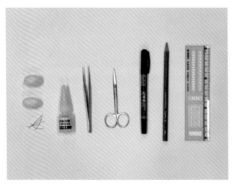

左图　制作小老鼠摆件的材料和工具
右图　小老鼠摆件成品

◎ 制作步骤

　　1. 将其中一个蚕茧剪成两半，再从其上剪出两只耳朵、两只脚和一条尾巴，具体形状大小可自由确定，需要保证对称性，尾巴要细长、带有弧度。

2. 将耳朵、双脚和尾巴的边缘用黑色记号笔描黑。

3. 在另一个蚕茧上用铅笔标记出耳朵、眼睛、嘴巴、双脚、尾巴、胡须的位置。

4. 用剪刀在耳朵、胡须、双脚、尾巴处剪开一个合适大小的口子。

5. 将描黑后的耳朵、双脚、尾巴插入剪开的口子并固定。

6. 用黑色签字笔对眼睛和嘴巴进行描画。

7. 将黑色刷毛剪至合适长度，用镊子夹取刷毛插入剪开的口子，并用502 胶水固定；

8. 调整各部分细节，完成。

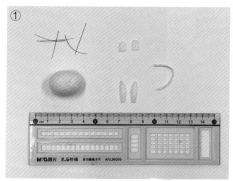
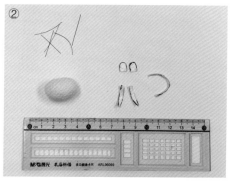

小老鼠摆件制作流程

小老鼠摆件制作视频教程

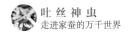

// 蚕茧郁金香花灯

◎ **材料和工具**

天然彩色茧和白茧若干、发光二极管（LED）小灯串（包含电池盒）、铁丝花杆、绿色纸胶带、假叶子、剪刀、花瓶。

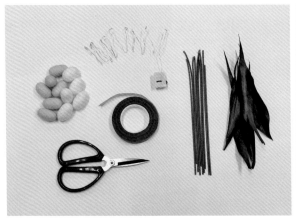 

左图　制作郁金香花灯的材料和工具
右图　郁金香花灯成品

◎ **制作步骤**

1. 将LED灯串的导线用绿色胶带缠绕包裹。

2. 将蚕茧按照十字形剪开成花瓣状，底部开口，将LED灯插入蚕茧底部固定。

3. 用绿色胶带将花朵固定在花杆上。

4. 用绿色胶带将所有花杆绑在一起，注意花朵错落分开。

5. 给花束搭配上叶子，用绿色胶带固定，调整至合适位置。

6. 打开LED开关，插入花瓶中，完成。

郁金香花灯制作视频教程

郁金香花灯制作流程

✂ 蚕丝手工团扇

◎ 材料和工具

　　10 个左右金黄色蚕茧、1 个扇子骨架、1 个流苏、4 个金属装饰片、扇骨架装饰条、胶水、毛刷棒、镊子、双面胶、水杯。

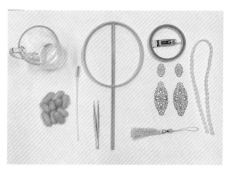

左图　制作蚕丝手工团扇的材料和工具
右图　蚕丝手工团扇成品

◎ 制作步骤

1. 将蚕茧表面杂乱的茧衣剥离干净。

2. 往杯中倒入沸水，取一个蚕茧完全浸入其中5～10分钟。

3. 蚕茧完全浸润后，用毛刷棒进行索绪，牵引出蚕丝。

4. 在扇子骨架外粘上一圈双面胶，将牵引出的蚕丝缠绕在扇子骨架上，通过不断转动扇子进行缫丝，注意将蚕丝平均地铺满整个扇面且保持平行。

5. 缫完一个蚕茧（能看到透明蛹衬）后，再取另一个蚕茧重复步骤2～4。

6. 缫完5～7个蚕茧后，扇面制作完成。

7. 在扇面及骨架部位涂上胶水，贴上相应装饰件，再挂上流苏，完成。

蚕丝手工团扇制作
视频教程

蚕丝手工团扇制作流程

蚕丝手工皂

◎ **材料和工具**

　　椰子油、橄榄油、棕榈油、杏仁油、氢氧化钠、蚕茧、色素、电子秤、加热装置（带搅拌功能）、肥皂模具、温度计、玻璃棒、2 个可用于加热的容器、剪刀等。

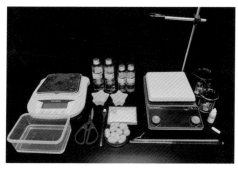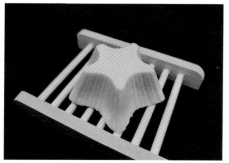

左图　制作蚕丝手工皂的材料和工具
右图　蚕丝手工皂成品

◎ **制作步骤**

　　1. 称取 1.5g 蚕茧，剪成小片后清洗干净。

　　2. 在容器中称取 12.16g 氢氧化钠，加入 31.62g 水，搅拌至完全溶解。

　　3. 将蚕茧片加入氢氧化钠溶液中，在加热状态下持续搅拌至蚕茧完全溶解成澄清状态（过程约 2～3 分钟）。

　　4. 另取一容器加入椰子油 25g、橄榄油 25g、棕榈油 15g、杏仁油 15g，搅拌混合均匀。

　　5. 将上述两者用水浴控制温度为 45～50℃。

　　6. 将蚕茧碱溶液加入混合油中，充分搅拌反应，再借助工具持续搅拌约 30 分钟，直至其成为均一乳化状态（用玻璃棒在表面划出的圈不马上消失），得到皂液。

　　7. 往皂液中加入适量想要的色素，搅拌均匀后，倒入模具中，冷却定型。

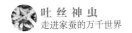

8. 完全凝固后脱模，将手工皂阴干 1～2 个月（降到弱碱性 pH 为 8～9）便可以使用了。

蚕丝手工皂制作流程

蚕丝手工皂制作
视频教程

② 动手小实验

// 家蚕寡食性实验（人工饲料喂养）

◎ **材料和工具**

100 条刚孵化的蚁蚕、蚕用人工饲料（可在网上购买）、新鲜桑叶、饲养盒等。

◎ **室验步骤**

1. 把蚁蚕随机等分成两份，分别置于不同的饲养盒中，一份喂新鲜的桑叶，一份喂人工饲料，观察蚕体的变化。

2. 饲养 4 天后调查进入二龄蚕的比例。

3. 饲养 10 天后将喂桑叶的蚕宝宝分成两份，一半继续用桑叶饲养，一半改用人工饲料饲养；把人工饲料饲养的蚕宝宝也分成两份，一半继续用人工饲料饲养，一半改用新鲜桑叶饲养。

4. 继续观察蚕宝宝的生长发育情况，你会发现桑叶饲养改用人工饲料饲养的蚕宝宝拒绝吃人工饲料直至饿死，人工饲料饲养改用桑叶饲养的蚕宝宝吃得很正常。

5. 饲养到结茧，调查各区结茧的比例和蚕茧的重量。

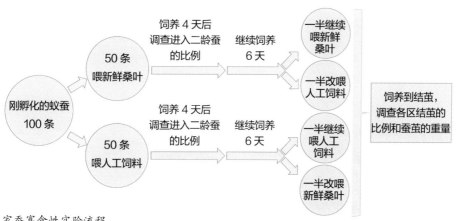

家蚕寡食性实验流程

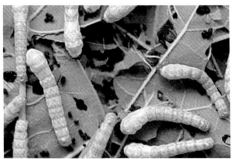

左图　正在吃人工饲料的蚕宝宝
右图　正在吃新鲜桑叶的蚕宝宝

∥ 变色蚕宝宝实验（添食色素喂养）

蚕宝宝能吃颜料吗？蚕宝宝吃了颜料会变颜色吗？结的茧会变颜色吗？我们在第六章第五节中已经介绍了相关的内容，现在可以自己动手去发现更多的秘密了。

◎ 材料和工具

10～20 条五龄期的蚕宝宝、各种颜料（可以是绘画用的水彩和墨水等，洋红、苋菜红、玫瑰红、日落黄等食用色素，罗丹明、苯酚红、中性红、甲基橙等生物染料）、克秤、量筒、塑料杯或喷壶、饲养用塑料盒、镊子、棉花球、手套等。

◎ 实验步骤

1. 将五龄第 2～3 天的蚕宝宝按需要置于 3～5 个不同的饲养盒中，每盒 3～4 条。

2. 选择你想试验用的颜料 2～3 种，各配制浓度 0.1% 左右的溶液 100ml 并置于塑料杯或小喷壶中。

3. 取两张新鲜的桑叶用棉球涂上一层颜料溶液，或直接用小喷壶喷上一层雾点，静置 1～2 小时等桑叶表面液体自然干去。

4. 用这样处理过的桑叶饲喂蚕宝宝，一直到熟蚕吐丝结茧。

通过色素添食喂养得到的彩色蚕宝宝

5. 在整个过程中观察蚕的体色变化及健康性，判断其是否有发育变慢甚至中毒现象。

6. 观察蚕茧的颜色变化，并在结茧 6 天后称重，再剪开茧壳，观察其是否正常化蛹及蚕蛹的颜色。

7. 根据观察记录可以判断该原料是否有微量毒性，是否能被蚕吸收进入血液，是否能进入丝腺最终使蚕丝变色。

解剖家蚕实验

◎ 材料和工具

家蚕、蜡盘、昆虫针、小剪刀、镊子、解剖针。

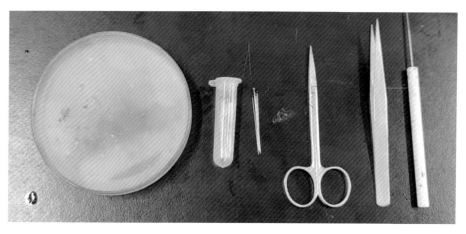

解剖家蚕实验的工具

◎ **实验步骤**

1. 取一只家蚕，头前尾后，背面向上置于蜡盘中央。

2. 将家蚕的头尾用昆虫针钉住固定。

3. 在尾端背面做横向小切口（可以从尾角开始剪开）。

4. 沿背中线剪到头端，注意剪刀头尽量向上挑起，不要剪破消化道。

5. 打开体壁并用昆虫针固定。

6. 加水观察，注意水要没过整个家蚕，否则器官露出水面会有反光，影响观察。

7. 依次观察消化道、马氏管、丝腺、气管。

8. 去除消化道，清理丝腺、肌肉等，暴露腹神经索并观察神经系统。

9. 清理工具，实验结束。

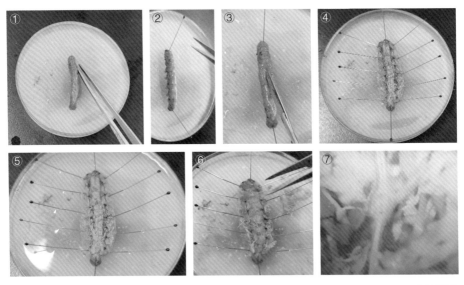

解剖家蚕实验流程

解剖家蚕实验
视频教程

∥ 家蚕吐平面丝实验

◎ 材料和工具

10～20条熟蚕、一个塑料盒、白纸、一块玻璃（光滑的木板、涂蜡板、塑料板等平面载体均可，大小视蚕的数量而定）、垫布。

家蚕吐平面丝实验的材料和工具

◎ 实验步骤

1. 挑选体质强壮的熟蚕，在其排完粪便及尿液后方可用于吐平面丝。

2. 为防止蚕尿和蚕粪的污染，一般采取二次拾熟蚕，即在塑料盒中垫上白纸，将熟蚕放入其中，过12～15个小时，待蚕尿和蚕粪完全排净后，再用于吐丝。

3. 将二次拾取的熟蚕转移至玻璃上，玻璃用垫布垫高，开始吐平面丝。

4. 因蚕有趋光性，需保持吐丝房光线较弱且均匀；温度以25℃为宜，过高会影响吐丝量，过低则会延长吐丝时间；蚕有趋高性，可来回倾斜吐丝平面使丝更均匀。

5. 蚕需连续吐丝3～4天，期间需一直有专人看管，控制蚕的密度和均匀度，挑除病死蚕，抓回爬到边缘及掉落的蚕。

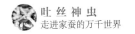
6.吐丝结束后移去化蛹的蚕，将平面丝取下。

注意：一般春蚕期蚕体较大，投放密度约 500 条/m² 为宜，夏秋蚕期蚕体相对较小，投放密度约 700 条/m² 为宜。

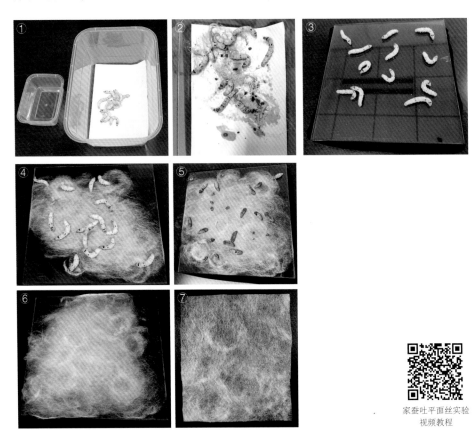

家蚕吐平面丝实验步骤

家蚕吐平面丝实验
视频教程

/// 家蚕孤雌生殖实验

◎ 材料和工具

两只未交配的雌蛾、温度计、一个水盆，一大一小两个塑料盒，吸水纸。

 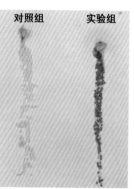

左图　家蚕孤雌生殖实验的材料和工具
右图　家蚕孤雌生殖实验结果

◎ 实验步骤

1. 烧一壶热水，向大盒中倒入热水，用凉水调至48℃，总水量在大盒容量的70%左右，然后向小盒中倒入热水，用凉水调至46℃，把小盒放入大盒中（即形成一个简易的水浴加热装置，保证小盆中水温为46℃）。

2. 取一只小盆子，加入清水，拿一只雌蛾，用双手食指和大拇指按住腹部两端环节，放在清水中慢慢向两端拉开，使左右各4条卵巢管游离。

3. 立即拉起雌蛾放到小盒的温水中，放置18分钟，期间大盒的水温需保持在48℃，温度低时可以再加一点热水来调节。

4. 18分钟一到马上取出平铺在吸水纸的一侧，标记为实验组；另外再解剖一只处女蛾，取出其体内的卵，不作任何处理直接平铺在吸水纸的另一侧，标记为对照组。

5. 在室温中放置3天后可以看到实验组有些蚕卵开始变色，而对照组的没有变色。

6. 一周后可以计算孤雌生殖的百分率，放到第二年看看是否会孵化。

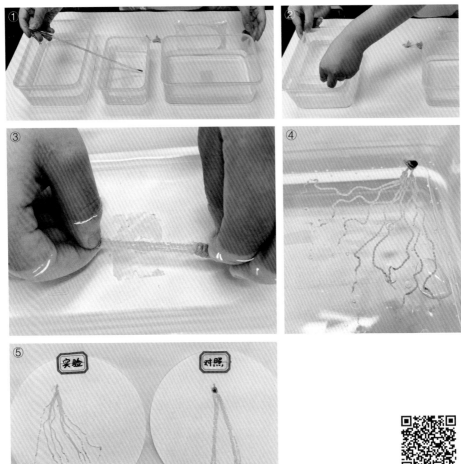

家蚕孤雌生殖实验步骤

家蚕孤雌生殖实验
视频教程

参考文献

[1] 陈克平，黄君霆，姚勤. 模式生物家蚕[M]. 南京：江苏凤凰科学技术出版社，2014.

[2] 陈玉银，黄世荣，李晓童，等. 家蚕天然黄色茧新品种"金秋×初日"的选育[J]. 蚕桑通报，2017，48(3)：23-27.

[3] 冯春丽，沈卫德. 蚕体解剖生理学[M]. 北京：高等教育出版社，2015.

[4] 黄世荣，张鹏博，胡剑彧，等. 彩色茧新品种"金秋×初日"试养和示范[J]. 蚕桑通报，2018，49(3)：42-43.

[5] 黄自然，纪平雄，冯国栋，等. 用蚕沙生产叶绿素等产品的研究成果及产业化开发50年历程[J]. 蚕业科学，2015，41(4)：587-592.

[6] 黄自然，李树英，等. 蚕业资源综合利用[M]. 北京：中国农业出版社，2013.

[7] 吕鸿声. 西域丝绸之路[M]. 上海：上海科学技术出版社，2015.

[8] 吕壮. 西京杂记译注[M]. 上海：上海三联书店，2018.

[9] 绿净. 古列女传译注[M]. 上海：上海三联书店，2018.

[10] 矛盾. 林家铺子[M]. 北京：北京联合出版公司，2021.

[11] 邵正中. 蚕丝、蜘蛛丝及其丝蛋白[M]. 北京：化学工业出版社，2015.

[12] 时连根，杨明英，叶志毅，等. 综合蚕丝学[M]. 杭州：浙江大学出版社，2023.

[13] 王潮生. 中国古代耕织图概论[M]. 石家庄：花山文艺出版社，2023.

[14] 韦会平，肖波，胡开治. 蛹虫草药用价值考[J]. 中药材，2004，(3)：215-217.

[15] 吴怀民，金勤生，殷益明，等. 浙江湖州桑基鱼塘系统的成因与特征[J]. 蚕业科学，2018，44(6)：947-951.

[16] 吴一舟. 天虫[M]. 上海：上海人民出版社，2005.

[17] 赵爱春，向仲怀. 家蚕转基因技术及应用[M]. 上海：上海科学技术出版社，2017.

[18] 周晓玲，崔为正，张进，等. 1-脱氧野尻霉素的来源及合成研究进展[J]. 蚕业科学，2011，37(1)：105-111.

[19] 朱良均，杨明英，闵思佳. 蚕丝工程学[M]. 杭州：浙江大学出版社，2020.

[20] 朱良均，姚菊明，李幼禄. 蚕丝蛋白的氨基酸组成及其对人体的生理功能[J]. 中国蚕业，1997，(1)：42-44.

[21] Maeda S, Kawai T, Obinata M. et al. Production of human α-interferon in silkworm using a baculovirus vector[J]. Nature, 1985, 315: 592-594.

[22] Shao Z, Vollrath F. Surprising strength of silkworm silk[J]. Nature, 2002, 418: 741-741.

[23] Wang S, Zhang Y, Yang M, et al. Characterization of transgenic silkworm yielded biomaterials with calcium-binding activity[J]. PLoS One, 2016, 11(7): e0159111.

[24] Wu R, Ma L, Liu X. From mesoscopic functionalization of silk fibroin to smart fiber devices for textile electronics and photonics[J]. Adv Sci, 2022, 9(4): e2103981.